Karanlık Maddenin Anatomisi

Yasin Güneş

Published by DraftTime, 2025.

KARANLIK MADDENIN ANATOMISI

First edition. September 3, 2025.

ISBN: 979-8232195137

Written by Yasin Güneş.

Also by Yasin Güneş

ÇELİK ŞAFAK

Çelik Şafak - İstanbul Düşerken

Çelik Şafak - İstanbul Düşerken 2 - Fenrir'in Uyanışı

Çelik Şafak 3 - Zerdüşt'ün İntikamı ve Zengezur Koridoru İhaneti

Gölgelerin Adaleti

Gölgelerin Adaleti - İstanbul Cinayetleri

Standalone

Sil Baştan Aşk

Zervan - Doğumu ve Ölümü Belli Olmayan

Start Over Love

Zervan - Birth and Death Unknown

Onlar - İlk Hamle

Satan's Legacy - First Move

Journey of Inspiration - Personal Development Stories

L'héritage De Satan - Premier Geste

Satans Vermächtnis - Erster Zug
Zervan - Doğumu ve Ölümü Belli Olmayan
Şeytan'ın Emaneti - İlk Hamle
Zervan - Birth and Death Unknown - Scenario
Ayet-i İblis - O Konuşmadı... Fısıldadı.
Ayna ve Kül - Direnişin Kayıp Ninnisi
Mirror and Ash - The Lost Lullaby of Resistance
Unutanlar Mezarlığı - Zamanın Dilsiz Tanrısına Yazılan Bir Dua
Graveyard of the Forgotten - A Prayer to the Silent God of Time
Kod 666 : Merhametin Deccalı - Şeytan Algoritması Cennet mi, Cehennem mi?
Code 666 : The Antichrist of Mercy – The Devil's Algorithm Heaven or Hell?
Sekizinci Duâ - Adı Anılınca Uyanan
Karanlık Maddenin Anatomisi
Son Çağın Şifreleri - Kıyamet Alametleri ve Modern Dünya
The Ciphers of the End Times - Signs of the Apocalypse and the Modern World
Kıyametin Işığı

Watch for more at https://www.instagram.com/yasingueness?igsh=MTVvcHA2ZWY2a25hYw==.

İçerik tablosu

Bu kitap, gözünü gece göğüne dikip de "*Acaba?*" diye soran, görünmeyenin peşinden gitme cesaretini gösteren, cehaletimizin enginliği karşısında heyecanlanan ve evrenin sessiz çığlığına kulak vermeye çalışan **tüm meraklı ruhlara adanmıştır.**

"Evrenin en büyük sırrı, onun görünmeyen çoğunluğunda saklı.Belki de gerçek keşif, ışığı görmek değil, karanlığı okumaktır."

Önsöz

Evren, insanlığın karşılaştığı en büyük ve en esrarengiz bilmecedir. Gözlerimizi gece göğüne çevirdiğimizde gördüğümüz yıldızlar, galaksiler ve bulutsular, aslında var olan her şeyin yalnızca küçük bir kısmını, %5'ini temsil eder. Peki ya geri kalanı? Geri kalan %95, modern kozmolojinin en büyük meydan okumasını oluşturan, varlığını yalnızca dolaylı etkileriyle hissettiren iki görünmez bileşenden oluşur: **karanlık madde** ve **karanlık enerji**. Bu kitap, işte bu görünmez çoğunluğun, özellikle de karanlık maddenin, izini sürmek için kaleme alınmış kapsamlı bir keşif yolculuğudur.

Karanlık madde fikri, ilk olarak 1930'larda İsviçreli astronom Fritz Zwicky'nin galaksi kümelerindeki beklenmedik hareketleri gözlemlemesiyle bilim dünyasının gündemine girdi. Zwicky, gözlemlenen kütlenin bu hareketleri açıklamak için yeterli olmadığını fark etti ve "karanlık madde" terimini ortaya attı. Ancak bu radikal fikir, onlarca yıl boyunca bir kenarda unutulmaya yüz tuttu. Ta ki 1970'lerde Vera Rubin'in galaksilerin dönüş eğrileri üzerine yaptığı çığır açıcı çalışmalara kadar. Rubin, galaksilerin dış kısımlarındaki yıldızların, Newton ve Kepler yasalarının öngördüğünden çok daha hızlı döndüğünü keşfetti. Bu tutarsızlık, galaksileri bir arada tutan görünmez bir kütlenin, yani karanlık maddenin varlığına işaret ediyordu. Rubin'in çalışmaları, karanlık maddeyi astronominin merkezine taşıdı ve o günden beri bu gizemli bileşen, modern fiziğin en öncelikli araştırma konularından biri haline geldi.

Bu kitap, karanlık maddenin hikayesini tarihsel, teorik, deneysel ve felsefi boyutlarıyla ele almayı amaçlamaktadır. Amacımız, yalnızca mevcut bilimsel bilgiyi aktarmak değil, aynı zamanda okuyucuyu bu bilinmeyenin derinliklerine çekmek, onu düşündürmek ve hatta zaman zaman ürpertmektir. Çünkü karanlık madde, yalnızca bir fizik problemi değil, aynı zamanda insanın evrendeki yerini, bilginin sınırlarını ve gerçekliğin doğasını sorgulatan derin bir varoluşsal fenomendir.

Kitabın ilk bölümleri, karanlık maddenin keşfinin tarihsel arka planını sunarak başlar. Zwicky'nin öngörüsünden Rubin'in deneysel kanıtlarına uzanan bu yolculuk, bilimsel devrimlerin nasıl bazen yavaş ve dirençle ilerlediğini gözler önüne serer. Ardından, karanlık maddenin varlığını kanıtlayan dört temel gözlemsel sütunu inceliyoruz: gökada dönüş eğrileri, kütleçekimsel mercekleme, kozmik mikrodalga artalan ışıması (CMB) ve gökada kümelerinin dağılımı. Bu kanıtlar, karanlık maddenin salt teorik bir varsayım olmadığını, somut gözlemsel temellere dayandığını göstermektedir.

Kitabın omurgasını, karanlık maddenin ne olabileceğine dair teorik çerçeveler oluşturur. Standart Model'in ötesine geçerek, WIMP'lerden (Zayıf Etkileşen Büyük Kütleli Parçacıklar) aksiyonlara, steril nötrinolardan ilkel kara deliklere kadar bir dizi olası adayı mercek altına alıyoruz. Her bölüm, bu aday parçacıkların teorik temellerini, avantajlarını ve zayıf yönlerini ele alırken, kişisel spekülasyonlar ve "ürpertici kehanetler" ile okuyucunun hayal gücünü zorluyor. Karanlık maddenin paralel evrenlerden sızan çok-boyutlu bir enerji formu olabileceği veya başka bir boyuttan bizi gözlemleyen varlıkların nöral ağı işlevi görebileceği gibi fikirler, bilim ile kurgu arasındaki sınırları zorluyor.

Ancak bu kitap yalnızca teorik spekülasyonlarla sınırlı değildir. Doğrudan tespit için dünyanın dört bir yanında kurulan devasa yeraltı dedektörlerini (LZ, XENONnT, PandaX), aksiyon avcılarını (ADMX, MADMAX) ve parçacık çarpıştırıcılarını (LHC) anlatarak, insanlığın bu görünmez avı yakalamak için nasıl olağanüstü bir teknolojik ve bilimsel çaba sarf ettiğini gösteriyoruz. Henüz kesin bir sinyal yakalanamamış olsa da, bu "sessizlik" bile bize değerli bilgiler sunmakta ve parametre uzayını daraltmaktadır.

Kitabın ilerleyen bölümlerinde, karanlık maddenin kozmolojik rolünü derinlemesine inceliyoruz. Onun, evrenin "kozmik iskeleti" olarak galaksilerin oluşumunu ve büyümesini nasıl yönlendirdiğini, CMB'deki silinmez izlerini ve karanlık enerji ile olan gizemli dansını analiz ediyoruz. "Kayıp uydu" ve "core-cusp" gibi küçük ölçekli problemler, karanlık maddenin sandığımızdan daha karmaşık ve dinamik olabileceğine işaret ediyor. Belki de karanlık madde, kendi kuvvetlerine ve hatta yaşam döngüsüne sahip, "karanlık bir sektörün" parçasıdır.

Son bölümlerde ise, kuantum mekaniği, holografik ilke ve sicim teorisi gibi en ileri teorik çerçeveler ışığında karanlık maddenin doğasını sorguluyoruz. Onun bir kuantum dolanıklık ağı, bir holografik projeksiyon hatası veya ek boyutlardan sızan bir titreşim olabileceği olasılıklarını tartışıyoruz. Bu sorgulama, bizi gerçekliğin en temel doğasına götürür: Madde nedir? Bilgi nedir? Evren neden var?

Bu kitabı okurken, yalnızca bir bilimsel nesneyi değil, aynı zamanda insanlığın sınırsız merakını ve keşfetme arzusunu da takip edeceksiniz. Her bölüm, bir öncekinin üzerine inşa edilmiş ve okuyucuyu yavaş yavaş bu görünmez alemin derinliklerine çekmek için tasarlanmıştır. Bilimsel gerçeklerle desteklenmiş, ancak aynı zamanda spekülasyon ve felsefi yansımalarla zenginleştirilmiş bu anlatı, sadece konuya ilgi duyan meraklılar için değil, aynı zamanda evrenin gizemlerine kafa yoran herkes için değerli bir kaynak olacaktır.

Unutmayın, şu anda oturduğunuz yerde, saniyede yüzlerce karanlık madde parçacığı bedeninizden geçiyor. Onlar, evrenin en büyük sırlarından birinin taşıyıcıları. Bu kitap, işte bu sırrın peşine düşme cesaretini gösterenler için yazıldı.

Keyifli okumalar.

[Bölüm 01] Görünmeyenin Anatomisi: Karanlık Maddenin Sır Perdesi

E *vrenin Kayıp Kütlesi ve İnsanlığın En Büyük Bilmecesi*

Giriş: Karanlığa İlk Bakış

Evren, insan zihninin sınırlarını zorlayan bir muammayla karşımızda duruyor: Gözlemleyebildiğimiz her şey—yıldızlar, galaksiler, gezegenler ve hatta kara delikler—evrendeki toplam maddenin yalnızca %5'ini oluşturuyor. Geri kalan %95 ise **karanlık madde** (%27) ve **karanlık enerji** (%68) adını verdiğimiz, gizemli ve görünmez bileşenlerden oluşuyor

. Bu bölüm, bu görünmez varlığın tarihsel keşfinin izlerini sürerek, onun doğasına dair ilk ipuçlarını ortaya koyacak.

1. Tarihsel Devrim: Zwicky'den Rubin'e Bir Bilimsel Dram

Fritz Zwicky'nin Öngörüsü

1933 yılında İsviçreli astronom **Fritz Zwicky**, Coma Kümesi'ndeki galaksilerin hareketlerini inceledi. Galaksilerin, kümenin çekim gücünden kaçmak için gereken hızın çok üzerinde hareket ettiğini fark etti. Geleneksel fizik yasalarına göre, bu galaksilerin savrulup dağılması gerekiyordu. Ancak Zwicky, **Virial Teoremi**'ni kullanarak yaptığı hesaplamalarda, kümedeki gözlemlenebilir kütlenin, bu hareketi açıklamak için yetersiz kaldığını keşfetti. Hatta, gözlemlenen kütlenin **400 kat fazlasına** ihtiyaç olduğunu öne sürdü

. Zwicky, bu kayıp kütleye "karanlık madde" adını verdi.

Vera Rubin'in Dönüş Eğrileri

Zwicky'nin çalışmaları onlarca yıl boyunca bilim dünyasında yankı uyandırmadı. Ta ki 1970'lerde **Vera Rubin** ve ekibi, sarmal galaksilerin dönüş eğrilerini inceliyene kadar. Rubin, galaksilerin dış kısımlarındaki yıldızların, merkeze yakın yıldızlarla neredeyse aynı hızla döndüğünü keşfetti. Oysa **Kepler Yasaları**'na göre, merkezden uzaklaştıkça hızın azalması gerekiyordu

. Bu tutarsızlık, galaksileri bir arada tutan ek bir kütle olduğunu kanıtlıyordu. Rubin'in çalışmaları, karanlık madde fikrini bilim dünyasının merkezine taşıdı.

2. Kanıtlar: Görünmeyenin Ayak İzleri

Karanlık maddeyi doğrudan gözlemleyemiyoruz, ancak onun etkilerini dört temel yöntemle inceliyoruz

1. **Gökada Dönüş Eğrileri**: Galaksilerin beklenenden hızlı dönüşü.
2. **Kütleçekimsel Mercekleme**: Uzaktaki galaksilerden gelen ışığın, karanlık maddenin kütleçekimiyle bükülmesi.
3. **Kozmik Mikrodalga Art Alan Işıması (CMB)**: Büyük Patlama'dan arta kalan radyasyondaki sıcaklık dalgalanmaları.
4. **Gökada Kümelerinin Dağılımı**: Evrendeki dev yapıların örümcek ağı benzeri dizilimi.

*ÖRNEĞIN, 2006'DA IKI galaksi kümesinin çarpışması (1E 0657-56), karanlık maddenin varlığına dair çarpıcı bir kanıt sundu. Çarpışmada, sıcak gazlar yavaşlarken, karanlık madde doğrudan etkileşime girmeden ilerledi. Bu, onun "görünmez" doğasını somutlaştırdı

.*

3. Aday Parçacıklar: Bilimin Avı

Karanlık maddenin ne olduğuna dair birçok teori mevcut. İşte en güçlü adaylar

- **WIMP'ler (Zayıf Etkileşen Büyük Kütleli Parçacıklar)**: Nötronlardan katlarca ağır, elektromanyetik etkileşime girmeyen parçacıklar.
- **Aksiyonlar**: Manyetik alanlarla etkileşime girebilen hafif parçacıklar.
- **Steril Nötrinolar**: Neredeyse hiç etkileşime girmeyen, "hayalet" parçacıklar.
- **Kara Delikler**: İlkel kara deliklerin karanlık maddeyi oluşturduğu fikri

- .

KIŞISEL TEZ: KARANLIK madde, paralel evrenlerden sızan "çok-boyutlu" bir enerji formu olabilir. Bu parçacıklar, standart modelin ötesinde, sicim teorisinin öngördüğü ek boyutlarda var oluyor olabilir.

4. Alternatif Görüşler: Karanlık Maddeye İsyan

Bazı bilim insanları, karanlık maddenin varlığını reddediyor. Onun yerine, **kütleçekimi yasalarının değiştirilmesi** gerektiğini savunuyor. Örneğin, **MOND (Modifiye Newton Dinamiği)** teorisi, düşük kütleçekimli ortamlarda Newton yasalarının farklı işlediğini öne sürüyor . Ancak, galaksi çarpışmaları ve CMB verileri, MOND'un tek başına yetersiz kaldığını gösteriyor.

5. Gelecek Kehanetleri: 2050'ye Uzanan Bir Vizyon

Karanlık madde araştırmalarının önümüzdeki on yıllarda nasıl evrilebileceğine dair spekülatif öngörüler:

- **2028-2035**: Yeraltı dedektörleri (örneğin, LZ Deneyi), WIMP'lerin izini yakalayacak.
- **2040**: CERN'in gelecek nesil parçacık hızlandırıcıları, karanlık madde parçacıklarını yapay olarak üretecek.
- **2050**: Karanlık madde haritalandırması, evrenin "karanlık mimarisini" ortaya çıkaracak. Hatta, karanlık maddeyi manipüle ederek **yıldızlararası seyahat** için kullanma olasılığı gündeme gelecek.

Ürpertici Kehanet: Karanlık madde, aslında başka bir boyuttan bizi gözlemleyen varlıkların "nöral ağı" olabilir. Onlar için evrenimiz, dev bir sinir sistesi işlevi görüyor olabilir.

6. Felsefi Çıkarım: İnsanın Cehaletle Dansı

Karanlık madde, insanlığın bilgi sınırlarını hatırlatan bir metafor. Tıpkı bir cevizin kabuğundaki gizli özü gibi, evrenin de görünen yüzünün ardında derin bir gerçeklik yatıyor

. Bu, bize alçakgönüllülükle araştırmaya devam etmemiz gerektiğini hatırlatıyor.

Sonuç: Karanlığa Doğru Yolculuk

Karanlık madde, modern kosmolojinin en büyük bilmecelerinden biri olmayı sürdürüyor. Onu anlama çabamız, sadece evreni değil, kendi varlığımızın sınırlarını da sorgulamamıza neden oluyor. Bir sonraki bölümde, **karanlık maddenin galaksilerin oluşumundaki rolünü** ve onun olmadan evrenin nasıl dağılacağını inceleyeceğiz.

Okura Not:

Bu kitap, bilimsel gerçeklerle kurgusal öğeleri harmanlayarak, okuyucuyu hem düşündürmeyi hem de heyecanlandırmayı amaçlıyor. Her bölüm, yeni bir kapı aralayacak. Hazır olun!

[Bölüm 02] Karanlık Çerçeve: Evrenin Görünmeyen İskeleti

Karanlık Madde Olmasaydı, Galaksiler Asla Doğamazdı

Giriş: Kozmik Ağın Dokusu

Evren, devasa bir yap-bozun parçaları gibi birbirine bağlı galaksi kümeleriyle doludur. Peki bu muazzam yapılar nasıl oluştu? Cevap, karanlık maddenin varlığına işaret ediyor. Karanlık madde, sadece galaksileri bir arada tutan bir tutkal değil, aynı zamanda onların oluşumuna öncülük eden bir koreograftır. Bu bölümde, karanlık maddenin evrenin erken dönemlerinden itibaren nasıl bir "kozmik iskelet" görevi gördüğünü ve onun olmadığı bir senaryoda neler olabileceğini derinlemesine inceleyeceğiz.

1. Kozmik Şafak: Karanlık Maddenin İlk İzleri

Büyük Patlama'dan sonraki ilk birkaç yüz milyon yıl, evren için "Karanlık Çağlar" olarak adlandırılır. İlk yıldızlar ve galaksiler henüz oluşmamıştır. Ancak karanlık madde, bu dönemde bile aktif bir şekilde kütleçekimsel olarak çökmeye başlamıştır. Normal madde (baryonik madde), fotonlar ve radyasyonla sürekli etkileşim halinde olduğu için dağılma eğilimindeydi. Oysa karanlık madde, elektromanyetik kuvvetle etkileşmediği için erken dönemde yoğunlaşmaya başladı ve "karanlık haleler" oluşturdu. Bu haleler, normal maddenin üzerine çökerek ilk yapıların temelini attı.

Kişisel Tez: Karanlık madde, evrenin bilinçli bir şekilde yapılanmasını sağlayan bir tür "kozmik DNA" işlevi görüyor olabilir. Onsuz, evren kaotik bir enerji bulutundan öteye gidemezdi.

2. Karanlık Haler: Galaksilerin Doğum Yuvaları

Karanlık maddenin oluşturduğu bu haleler, galaksilerin çekirdeklerini oluşturdu. Bilgisayar simülasyonları (örneğin, Illustris ve Millennium projeleri), karanlık maddenin önce devasa ağlar halinde yoğunlaştığını, ardından normal maddenin bu ağların kesişim noktalarında toplanarak galaksileri meydana getirdiğini gösteriyor. Samanyolu Galaksisi'nin de merkezinde, Güneş'in milyarlarca katı kütleye sahip bir karanlık madde halesi olduğu düşünülüyor.

Örneğin, 2024'te yayınlanan bir çalışmada, James Webb Uzay Teleskobu ile erken evrendeki bir galaksinin karanlık madde olmadan bu kadar hızlı oluşamayacağı kanıtlandı. Bu, karanlık maddenin sadece var olmakla kalmayıp, galaksilerin büyüme hızını da belirlediğini gösteriyor.

3. Karanlık Madde Olmasaydı: Dağılan Bir Evren

Karanlık maddenin olmadığı bir evren hayal edelim:

- Galaksiler asla oluşamazdı.
- Yıldızlar bir araya gelemez, dağınık gaz bulutları olarak kalırdı.
- Hiçbir gezegen, hiçbir yaşam formu ortaya çıkmazdı.
- Evren, soğuk, karanlık ve yapısız bir boşluk olurdu.

Karanlık madde, evrene "yapı" kazandıran temel bileşendir. Onsuz, kütleçekimi galaksileri bir arada tutmaya yetmezdi.

4. Karanlık Madde ve Kara Delikler Arasındaki Gizemli İlişki

Son yıllarda yapılan gözlemler, karanlık madde ile süper kütleli kara delikler arasında şaşırtıcı bir korelasyon olduğunu gösteriyor. Her galaksinin merkezinde devasa bir kara delik bulunur ve bu kara deliklerin kütlesi ile galaksinin karanlık madde halesinin kütlesi arasında doğru orantı vardır. Bu, karanlık maddenin kara deliklerin büyümesini tetiklediğini düşündürüyor.

Ürpertici Kehanet: Belki de karanlık madde, kara delikler aracılığıyla başka evrenlere açılan bir "köprü" görevi görüyor. Kara delikler, karanlık maddenin yoğunlaştığı noktalar olabilir ve bu nedenle evrenler arası bir geçiş noktası işlevi görebilirler.

5. Karanlık Madde Haritalama ve Gelecek Projeksiyonları

Günümüzde, karanlık maddenin dağılımını haritalamak için kütleçekimsel mercekleme ve galaksi kümelerinin istatistiksel analizi kullanılıyor. Önümüzdeki yıllarda bu haritalama teknolojileri inanılmaz bir hal alacak:

- **2035**: ESA'nın *Athena* Uzay Teleskobu, karanlık madde dağılımını daha yüksek çözünürlükte haritalayacak.
- **2045**: Kuantum sensörler ve yapay zeka destekli kozmoloji simülasyonları sayesinde, karanlık maddenin gerçek zamanlı etkileşimlerini gözlemleyebileceğiz.
- **2050**: Karanlık madde haritaları, evrenin "karanlık ağını" ortaya çıkaracak ve belki de bu ağı manipüle ederek yıldızlararası seyahat mümkün olacak.

Kişisel Spekülasyon: Karanlık madde, uzay gemilerinin seyahat edebileceği bir "otoyol ağı" gibi kullanılabilir. Onun kütleçekimsel etkisi, warp sürüşüne alternatif bir seyahat yöntemi sunabilir.

6. Felsefi Çıkarım: Evrenin Sessiz Mimarı

Karanlık madde, evrenin sessiz mimarıdır. Görünmez olması, onun önemsiz olduğu anlamına gelmez. Tıpkı bir binanın taşıyıcı kolonları gibi, o olmadan yapı çöker. Bu bize, gerçekliğin sadece görünenden ibaret olmadığını, daha derin bir düzende işleyen yasalar olduğunu hatırlatır.

Sonuç: Karanlık İskeletin Mirası

Karanlık madde, evrenin yapı taşıdır. Onu anlamak, sadece galaksilerin kökenini değil, evrenin nasıl işlediğini de açıklayacaktır. Bir sonraki bölümde, **karanlık maddenin parçacık fiziğindeki yerini** ve onu tespit etmek için yürütülen devasa deneyleri inceleyeceğiz.

Okura Not:

Unutmayın, karanlık madde sadece bir bilimsel nesne değil, aynı zamanda insanlığın keşfetme arzusunun da bir simgesidir. Her cevap, yeni sorular doğurur. Yolculuğumuz devam ediyor!

[Bölüm 03] Parçacıkların Karanlık Krallığı: Maddenin Kayıp Halkasını Aramak

Karanlık Madde Adaylarının Anatomisi ve İnsanlığın Ona Ulaşmak İçin Kurduğu Devasa Tuzaklar

Giriş: Görünmez Avın Anatomisi

Modern kozmolojinin en büyük meydan okuması, varlığını her yerde hissettiren ancak hiçbir yerde göremediğimiz bir fenomeni anlamaktır. Karanlık madde, Standart Model'in sınırlarını aşan, belki de onun ötesinde yepyeni bir fiziğin kapısını aralayan bir ögedir. Bu bölümde, karanlık maddenin muhtemel parçacıksal doğasını, onu avlamak için dünyanın dört bir yanında kurulan devasa deney düzeneklerini ve bu avın neden insanlığın en karmaşık ve pahalı bilimsel çabalarından biri olduğunu derinlemesine inceleyeceğiz. Bu, sadece bir parçacığı avlamak değil, evrenin temel işleyişine dair paradigmalarımızı sınamaktır.

1. Teorik Çerçeve: Standart Model'in Ötesine Yolculuk

Karanlık maddenin doğasını anlamak, öncelikle onu neden Standart Model'deki bilinen parçacıklardan biri olarak açıklayamayacağımızı anlamaktan geçer.

Standart Model'in Büyük Başarısı ve Nihai Çıkmazı

Standart Model, elektromanyetizma, zayıf nükleer kuvvet ve güçlü nükleer kuvveti açıklayan, kuarklardan leptonlara, nötrinolardan Higgs bozonuna kadar bilinen temel parçacıkların hepsini kataloglayan olağanüstü bir teorik başarıdır. Ancak bu model, evrendeki maddenin yaklaşık %27'sini oluşturan karanlık maddeyi açıklamakta kesin bir şekilde başarısızdır. Modeldeki hiçbir parçacık, karanlık maddenin sahip olması gereken özelliklere——yüksek kütle, elektromanyetik etkileşime girmeme, yalnızca kütleçekim ve belki de zayıf nükleer kuvvetle sınırlı etkileşim——sahip değildir. Bu durum, fizikçileri Standart Model'in ötesine, **Süpersimetri (SUSY)**, **Ek Boyutlar** ve **Sicim Teorisi** gibi daha egzotik teorilere yönlendirmiştir.

Kişisel Tez: Standart Model'in bu çıkmazı, bize evreni anlama çabamızda hâlâ amatör olduğumuzu hatırlatıyor. Belki de karanlık madde, bizim 3+1 boyutlu uzay-zamanımıza sızmayı başarabilen, daha yüksek boyutlu bir gerçekliğin 'gölge parçacığı'dır. Onu bulmak, bir balığın

suyun varlığını anlaması kadar zorlu bir felsefi ve bilimsel sınavdır.

2. Başlıca Adaylar: Karanlık Madde Pantheonu

Karanlık madde avı, onlarca yıldır süren bir dedektiflik hikâyesidir. Şüpheliler bellidir, ancak henüz hiçbiri suçüstü yakalanamamıştır.

WIMP'ler (Zayıf Etkileşen Büyük Kütleli Parçacıklar)

En güçlü adaylardan biridir. Süpersimetri teorisi, her Standart Model parçacığının bir "süpereşini" öngörür. Bu süpereşlerden en hafifi, **nötralino**, mükemmel bir WIMP adayıdır. WIMP'ler, adlarından da anlaşılacağı gibi, zayıf nükleer kuvvet ve kütleçekim dışında neredeyse hiç etkileşime girmezler. Kütleleri protonun onlarca ila yüzlerce katı olabilir. "WIMP Mucizesi" olarak adlandırılan fenomen, Büyük Patlama'nın hemen sonrasındaki termal dengeden arta kalan WIMP yoğunluğunun, günümüzde gözlemlenen karanlık madde yoğunluğuna şaşırtıcı bir şekilde denk gelmesidir.

Aksiyonlar

WIMP'lere güçlü bir alternatiftir. Aksiyonlar, aslında **Kuantum Renk Dinamiği'ndeki** (QCD) bir problemin (Şiddetli CP Problemi) çözümü olarak öne sürülmüş, son derece hafif (elektronun milyarlarca katı hafif) ve neredeyse kütlesiz parçacıklardır. Manyetik alanlarla çok zayıf da olsa etkileşime girebilmeleri, onları tespit etmek için yeni nesil deneylere ilham vermiştir. Eğer karanlık madde aksiyonlardan oluşuyorsa, evreni dolduran ultra-hafif, dalga benzeri bir "aksiyon denizi" içinde yüzüyor olabiliriz.

Steril Nötrinolar

Standart Model'deki nötrinolar, zayıf etkileşime girerler. Steril nötrinolar ise sadece kütleçekim yoluyla etkileşime giren, adeta "nötrinoların hayalet kuzeni" olan teorik parçacıklardır. Son derece kararlı ve nötr olmaları, onları karanlık maddenin karanlık ve soğuk bir bileşeni yapmaya aday kılar.

SIMPler (Yarı-Etkileşen Büyük Kütleli Parçacıklar)

WIMP'lerden farklı olarak, karanlık madde parçacıklarının kendi aralarında güçlü bir şekilde etkileşime girdiği bir senaryodur. Bu etkileşim, galaksilerin merkezlerindeki karanlık madde yoğunluğunun neden beklenenden az olduğunu ("galaksi merkezi problemi") açıklayabilir.

Primordiyal (İlkel) Kara Delikler

Karanlık maddenin parçacıksal olmayan bir formu da olabilir. Büyük Patlama'nın erken anlarında, aşırı yoğun bölgelerin çökmesiyle oluşmuş, atom altı boyutlardan devasa yıldız kütlelerine kadar çeşitli boyutlarda kara delikler, karanlık maddenin bir kısmını oluşturuyor olabilir. LIGO ve Virgo gözlemevlerinin tespit ettiği kara delik birleşmeleri, bu fikri tekrar gündeme getirmiştir.

Ürpertici Kehanet: Belki de karanlık madde, tek bir tür parçacık değil, farklı özelliklere sahip, birbiriyle etkileşen egzotik bir parçacıklar 'ekosistemi'dir. Bu ekosistem, bizimkine paralel, tamamen karanlık bir evrende, kendi karanlık yıldızları, karanlık galaksileri ve hatta karanlık yaşam formlarıyla var oluyor olabilir. Onları tespit

edemiyor oluşumuz, sadece 'ışık körü' oluşumuzdan kaynaklanıyor olabilir.

3. Avın Anatomisi: Devasa Tuzaklar ve Hassas Dedektörler

Karanlık maddeyi doğrudan tespit etmek, bir samanlıkta, görünmez, ses çıkarmayan ve neredeyse hiç dokunmayan bir iğne aramak gibidir. Bunun için dünyanın dört bir yanında devasa, ultra-hassas tuzaklar kurulmuştur.

Yeraltı Dedektörleri: WIMP Avı

Kozmik ışınlar gibi arka plan gürültüsünden korunmak için yeraltının derinliklerine (bazen eski madenlere) kurulan bu devasa laboratuvarlar, karanlık madde parçacıklarının dedektör malzemesindeki çekirdeklerle nadiren gerçekleştireceği çarpışmaları tespit etmeye çalışır.

- **LUX-ZEPLIN (LZ), ABD**: 10 ton ultra-saf sıvı ksenonla dolu, dünyanın en hassas dedektörlerinden biri.
- **XENONnT, İtalya**: Benzer bir ksenon tabanlı dedektör.
- **PandaX, Çin**: Çin'in derin yeraltı laboratuvarında bulunan bir diğer güçlü rakip.

Aksiyon Avcıları: MADMAX ve ADMX

Aksiyonların güçlü manyetik alanlar varlığında nadiren fotonlara dönüşebileceği teorisine dayanır. Bu deneyler, süper iletken mıknatıslar ve ultra-hassas radyo alıcıları kullanarak bu dönüşümü yakalamaya çalışır.

Dolaylı Tespit: Gökyüzünü Taramak

Karanlık madde parçacıklarının kendi aralarında çarpışıp yok olarak Standart Model parçacıklarına (gamma ışınları, nötrinolar, pozitronlar) dönüşebileceği düşünülür. **Fermi Gamma-ışını Uzay Teleskobu** ve **IceCube Nötrino Gözlemevi** gibi cihazlar, galaksimizin merkezinden veya galaktik haleden gelen bu "yok olma ürünlerini" arar.

Yüksek Enerji Çarpıştırıcıları: Yaratmak

CERN'deki **Büyük Hadron Çarpıştırıcısı** (LHC), protonları ışık hızına yakın hızlarda çarpıştırarak enerjiyi maddeye dönüştürür. Amaç, karanlık madde parçacıklarını "yaratmak"tır. Parçacık doğrudan görülemez, ancak çarpışmada korunması gereken enerji ve momentumdaki "eksiklik" (missing energy) onun varlığına işaret edebilir.

Örnek Vaka: 2023'te LZ ve XENONnT deneyleri, bir WIMP'nin protonla etkileşim şiddeti üzerinde şimdiye kadarki en katı üst sınırları belirledi. Bu, WIMP parametre uzayının büyük bir kısmını eledi. Bu hayal kırıklığı, bir yenilgi değil, avın doğasını değiştiren bir dönüm noktasıdır. Belki de avımız sandığımızdan daha hafif, daha egzotik veya daha az etkileşimlidir.

4. Gelecek Projeksiyonları: 2050'ye Uzanan Av Teknolojileri

Önümüzdeki on yıllar, karanlık madde avında radikal bir dönüşüme sahne olacak.

- **2028-2035**: Mevcut yeraltı dedektörlerinin bir sonraki nesil yükseltmeleri (örneğin, DARWIN projesi) devreye girecek. Ksenon hedef kütleleri yüz tonlara çıkacak, hassasiyet bugünkünden bin kat daha iyi olacak. Aksiyon avcıları, daha geniş bir kütle aralığını tarayabilecek.
- **2040**: **Fütüristik Kuantum Dedektörler** kullanıma girecek. Süper iletken kuantum müdahale cihazları (SQUID'ler) ve kuantum hedef taşları gibi teknolojiler, tek bir karanlık madde parçacığının çarpmasıyla oluşan inanılmaz derecede küçük enerji damlalarını bile tespit edebilecek.
- **2045**: **Uzay Tabanlı Kütleçekimsel Dalga Gözlemevleri** (LISA), ilkel kara deliklerin kütleçekimsel dalga imzalarını avlayarak karanlık maddenin bu formuna dair kesin kanıtlar veya sınırlamalar getirebilecek.
- **2050**: **Yapay Zeka Destekli Kozmik Haritalama**, karanlık maddenin galaksiler ölçeğindeki dağılımını

ve davranışını simüle ederek, parçacık özellikleri hakkında dolaylı ancak güçlü çıkarımlar yapmamızı sağlayacak. Belki de ilk defa, karanlık maddenin "etkileşim kesiti"ni ölçebileceğiz.

Kişisel Spekülasyon: 2050'lerin sonunda, karanlık maddeyi 'hasat etme' teknolojisinin ilkel formları ortaya çıkabilir. Belki de ultra-soğuk, ultra-hassas manyetik tuzaklar (atom saatleri gibi) kullanarak, seyrek de olsa bir 'aksiyon gazı' veya 'WIMP bulutu' yakalayıp inceleyebileceğiz. Bu, insanlığın ilk defa 'görünmez madde'yi bir laboratuvar kabında tutması anlamına gelecek ve yepyeni bir teknoloji çağını başlatacaktır.

5. Felsefi Çıkarım: Körlüğümüzün Sınırlarında

Karanlık madde avı, insanın evren karşısındaki konumuna dair derin bir metafor sunar. Göremediğimiz, dokunamadığımız, hatta varlığını sadece dolaylı yollardan anlayabildiğimiz bir şeyin peşinden gidiyoruz. Bu, bilimin en soylu ve en zorlu yanıdır. Bu av, bize gerçekliğin sadece duyularımızla algıladığımız kısmından ibaret olmadığını, aklımızın ve teknolojimizin yardımıyla görünmez olanın da haritasını çıkarabileceğimizi gösteriyor. Karanlık madde, bizim cehaletimizin bir simgesi değil, keşfetme azmimizin ve alçakgönüllülüğümüzün bir nişanesidir.

Sonuç: Sessizliğin Ortasındaki Çığlık

Karanlık madde avı, modern fiziğin en ön saflarında verilen bir mücadeledir. Henüz avımızı yakalamış değiliz, ancak onun izini sürerken evreni anlama kapasitemizi genişletiyor, teknolojimizin sınırlarını zorluyor ve teorik fizikte devrim yaratacak yeni fikirlere kapı aralıyoruz. Bir sonraki bölümde, **karanlık maddenin kozmik mikrodalga artalan ışıması (CMB) üzerindeki gizemli izlerini** ve bu kadim ışığın bize evrenin bebeklik fotoğrafında neler anlattığını inceleyeceğiz.

Okura Not:

Unutma, bu avın sonucu ne olursa olsun——ister bir WIMP, ister bir aksiyon, isterse de tahmin edemeyeceğimiz tamamen yeni bir şey bulalım——kazanacak olan insanlığın bitmek bilmeyen merakı ve ısrarlı arayışı olacaktır. İlerlemek için bir cevap bulmamız şart değil; bazen doğru soruyu sormak, en karanlık noktada bile yeterince ışıktır.

[Bölüm 04] Kozmik Bir Fotoğrafın Gölgeleri: Karanlık Maddenin CMB'deki İmzası

Büyük Patlama'nın Yankısı, Evrenin İlk Anlarına Dair En Eski Kanıt ve Görünmezin Gölgesi

Giriş: Zamanın Başlangıcına Açılan Pencere

Evrenin en derin, en kadim sırlarından biri, her yanımızı saran soluk bir elektromanyetik fon ışımasında gizlidir: **Kozmik Mikrodalga Artalan Işıması (CMB - Cosmic Microwave Background)**. Bu, Büyük Patlama'nın (Big Bang) ateş topundan arta kalan, 13.8 milyar yıl boyunca soğuyarak ve genişleyerek günümüze ulaşmış bir fosil ışımasıdır. Sıcaklığı mutlak sıfırın sadece 2.7 derece üzerindedir (-270.45 °C) ve evrenin bebeklik fotoğrafı olarak kabul edilir. Ancak bu fotoğraf sadece sıcak ve soğuk noktalardan ibaret değildir; aynı zamanda, evrenin karanlık mimarisinin, yani **karanlık maddenin** en belirgin ve inkar edilemez izlerini taşır. Bu bölümde, CMB'nin nasıl oluştuğunu, bu kadim ışıkta karanlık maddenin izlerini nasıl okuduğumuzu ve bu izlerin modern kozmolojide yarattığı devrimi derinlemesine inceleyeceğiz. Bu, evrenin ilk anlarına yapılan bir yolculuk ve görünmezin, görünür üzerindeki silinmez etkisinin bir kanıtıdır.

1. CMB'nin Doğuşu: Işığın Son Saçılımı ve Evrenin Şafağı

CMB'nin kökenini anlamak, evrenin ilk birkaç yüz bin yılına gitmeyi gerektirir.

İlk Plazma Çorbası ve Işığın Hapsolması

Büyük Patlama'dan sonraki ilk ~380.000 yıl boyunca evren, aşırı sıcak ve yoğun bir plazma çorbasıydı. Serbest elektronlar ve protonlar, fotonların sürekli olarak saçılmasına neden oluyordu (Compton saçılması). Bu dönemde fotonlar, bir odadaki sis içinde ilerleyen far ışığı gibi, serbestçe yol alamıyor, adeta hapsolmuş durumdaydı. Işık için evren opaktı.

Rekombinasyon: Işığın Özgürlüğe Kaçışı

Evren genişleyip soğudukça, yaklaşık 380.000 yıl sonra kritik bir eşiğe ulaştı. Enerji, elektron ve protonları bir arada tutacak kadar yüksek değildi artık. Elektronlar ve protonlar, nötr hidrojen atomlarını oluşturmak üzere birleşmeye başladılar. Bu sürece **Rekombinasyon** denir. Serbest elektronlar ortadan kalkınca, fotonların saçılacağı parçacık kalmadı. Işık, sonunda serbest kaldı ve evren aniden saydamlaştı. İşte bugün CMB olarak gözlemlediğimiz şey, o "son saçılma yüzeyinden" bize ulaşan ilk ışıktır. Bu ışık, o andaki evrenin fiziksel durumunun bir mühürlü halidir.

Kişisel Tez: Rekombinasyon anı, evrenin bilinçli bir 'nefes alışı' gibi görülebilir. Madde, enerjiden ayrılarak

form kazanırken, ışık da ondan özgürleşerek evrenin geri kalanına yayıldı. Bu, fiziksel bir olaydan ziyade, kozmik bir varoluş manifestosu gibidir. Karanlık madde ise, bu manifestonun yazılmasına yol gösteren görünmez el olmuştur.

2. CMB'nin Anatomisi: Mükemmel Olmayan Bir Siyahlık

CMB, neredeyse mükemmel bir **kara cisim ışıması** spektrumuna sahiptir. Ancak, bu mükemmellikteki küçük sapmalar (anizotropiler), asıl hikayeyi anlatan kısımdır.

Sıcak ve Soğuk Noktalar: Kozmik Tohumlar

CMB haritasına baktığımızda, yaklaşık 1/100.000 oranında (~18 μK) sıcaklık dalgalanmaları (flüktüasyonlar) görürüz. Bu minik sıcak ve soğuk noktalar rastgele değildir; evrendeki ilk yapı tohumlarıdır (primordial density fluctuations). Bu tohumlar, kütleçekimsel çöküşün başlaması için gerekli olan küçük yoğunluk farklılıklarıdır. Daha yoğun bölgeler, daha fazla kütleçekime sahiptir ve zamanla galaksileri, kümeleri ve süper kümeleri oluşturacak şekilde büyürler.

Karanlık Maddenin Belirleyici Rolü: Yapıyı Şekillendirmek

İşte tam bu noktada karanlık madde devreye girer. Rekombinasyon öncesi evrende, normal madde (baryonlar) ve radyasyon (fotonlar) sıkı bir şekilde bağlıydı. Radyasyon basıncı, baryonların kütleçekimle çökerek yapılar oluşturmasını engelliyordu. Ancak karanlık madde, elektromanyetik kuvvetle etkileşmediği için fotonlardan etkilenmiyordu. Bu, onun çok daha erken zamanlarda, "**Karanlık Çağlar**"da bile kütleçekimsel olarak çökmeye ve ilkel **karanlık madde haleleri** oluşturmaya başlamasına olanak tanıdı.

Bu karanlık haleler, Rekombinasyon anında zaten var olan potansiyel kuyularıydı. Serbest kalan baryonlar, bu görünmez kütleçekimsel çekim merkezlerine doğru akarak, nihayetinde ilk yıldızları ve galaksileri oluşturacaklardı. CMB'de gördüğümüz sıcaklık dalgalanmalarının ölçeği ve dağılımı, işte bu karanlık madde halelerinin erken evrendeki dağılımının ve özelliklerinin doğrudan bir yansımasıdır.

Örnek Vaka: Planck Uydusu'nun 2018'de yayınladığı yüksek çözünürlüklü CMB haritası, bu dalgalanmaların istatistiksel gücünü farklı açısal ölçeklerde ölçtü (Damping Tail ve Sakkadülasyon (Sachs-Wolfe) etkisi). Elde edilen veriler, evrendeki toplam maddenin ~%85'inin soğuk karanlık madde olduğunu ve "kozmik dokunun" ölçeğinin, karanlık maddenin varlığına işaret ettiğini kesin bir şekilde doğruladı. Karanlık madde olmasaydı, CMB'deki bu özgün dalgalanma deseni asla oluşamazdı.

3. Karanlık Maddenin CMB'deki Parmak İzleri: Dört Temel Kanıt

Kozmologlar, CMB'yi inceleyerek karanlık maddenin varlığını ve özelliklerini doğrulayan dört temel kanıt elde etmişlerdir:

1. **Toplam Madde Yoğunluğu (Ω_m):** CMB sıcaklık dalgalanmalarının genel genliği, evrendeki toplam madde miktarını (karanlık + baryonik) belirlememizi sağlar. Bu değer, baryonik maddenin bağımsız ölçümleriyle (örneğin, Büyük Patlama Nükleosentezi) karşılaştırıldığında, açık bir şekilde çok daha büyük bir "görünmez" bileşen olduğunu gösterir.
2. **Açısal Ölçek (Peak Konumları):** CMB güç spektrumundaki tepe noktalarının (acoustic peaks) konumları, evrenin geometrisini ve bileşenlerinin yoğunluklarını hassas bir şekilde ölçmemizi sağlar. İlk tepe noktasının konumu, evrenin düz olduğunu (flat) gösterir. Bu düzlüğü sağlayan, toplam enerji yoğunluğunun ~%27'sini oluşturan karanlık maddenin varlığıdır.
3. **Polarizasyon (E-mod ve B-mod):** CMB fotonları, son saçılım anında elektronlarla etkileşirken polarize

olurlar. Bu polarizasyonun iki türü vardır: **E-mod** (skaler, yoğunluk dalgalanmalarından kaynaklanır) ve **B-mod** (tensör, ilkel kütleçekim dalgalarından kaynaklanır). Karanlık maddenin varlığı ve doğası, E-mod polarizasyonunun örüntüsüne güçlü bir şekilde kazınmıştır. Ayrıca, karanlık madde parçacıklarının kendi kendine etkileşimi gibi özellikler, polarizasyon spektrumunda ince imzalar bırakabilir.

4. **Entegred Sakkadülasyon Etkisi (ISW - Integrated Sachs-Wolfe Effect):** CMB fotonları, evrenin genişlemesi nedeniyle kütleçekimsel kuyulardan (galaksi kümeleri) çıkarken enerji kazanır veya kaybeder. Bu, büyük ölçeklerde CMB'de ek sıcaklık değişimlerine neden olur. Bu etkinin gözlemi, karanlık maddenin büyük ölçekli dağılımını ve karanlık enerjinin varlığını doğrulamak için kullanılır.

Ürpertici Kehanet: Belki de CMB'de gördüğümüz desen, sadece fiziksel bir sürecin sonucu değil, aynı zamanda kozmik bir 'yazı'dır. Karanlık madde, bu yazının görünmez mürekkebidir. Onun dağılımı, evrenin temel yasalarının ve belki de onu 'inşa eden' daha yüksek bir bilincin - eğer varsa - matematiksel imzası olarak yorumlanabilir. CMB'yi okumak, bir anlamda kozmik bir şifreyi çözmeye çalışmaktır.

4. Karanlık Maddenin Doğasına Dair İpuçları: CMB'den Çıkarımlar

CMB, karanlık maddenin ne olmadığını söyleyerek bizi ne olduğuna dair dar bir koridora yönlendirir.

Soğuk ve Yavaş (CDM - Cold Dark Matter): CMB verileri, karanlık maddenin **"soğuk"** (yavaş hareket eden) olması gerektiğini şart koşar. Eğer "sıcak" (nötrinolar gibi ışık hızına yakın hareket eden) olsaydı, küçük ölçekli yapıların oluşumunu baskılar ve CMB'de gözlemlediğimiz küçük ölçekli dalgalanmaların silinmesine neden olurdu. Bu, WIMP'ler gibi ağır parçacıkların lehine güçlü bir kanıttır.

Etkileşimsizlik: CMB, karanlık maddenin elektromanyetik kuvvetle etkileşmediğini doğrular. Ayrıca, karanlık madde parçacıklarının kendi aralarında **çok güçlü bir şekilde etkileşmediğini** de gösterir. Çok güçlü etkileşimler, CMB polarizasyon spektrumunda gözlemlenebilecek anormalliklere yol açardı.

Kütle: CMB, karanlık maddenin toplam enerji yoğunluğunu çok hassas bir şekilde (~%1'den daha iyi bir kesinlikle) ölçmemizi sağlar, ancak tek bir parçacığın kütlesini doğrudan vermez. Bununla birlikte, yapı oluşumunun zamanlaması ve ölçeği, parçacık kütlesi için dolaylı kısıtlamalar getirir.

5. Gelecek Projeksiyonları: CMB'nin 2050 Vizyonu

CMB araştırmalarının önümüzdeki on yıllardaki evrimi, karanlık maddenin sırlarını çözmek için bizi çok daha derinlere taşıyacak.

- **2028-2035: 4. Nesil CMB Deneyleri (CMB-S4, Simons Gözlemevi)** devreye girecek. Bu devasa, çok daha hassas dedektör dizileri, CMB'nin polarizasyonunu, özellikle de ilkel **B-mod** sinyalini avlamak için gökyüzünü tarayacak. Bu, sadece kütleçekim dalgalarını değil, aynı zamanda karanlık maddenin en erken evrendeki ultra-hafif parçacıklarla (aksiyonlar gibi) etkileşimlerinin izlerini de ortaya çıkarabilir.
- **2040: Uzay Tabanlı Yeni Nesil Görevler**, yerden gelen atmosferik gürültüden tamamen arınmış, inanılmaz derecede net CMB haritaları üretecek. Bu haritalar, **"karanlık maddenin ses hızını"** ve erken evrendeki **"kendi kendine etkileşim kesitini"** ölçmemize olanak tanıyacak. Bu, WIMP'ler ve SIMP'ler arasındaki ayrımı netleştirecek.
- **2045: Kuantum Hesaplama ve Yapay Zeka Destekli Analiz**, CMB verilerinden bugün hayal bile

edemeyeceğimiz istatistiksel çıkarımlar yapmamızı sağlayacak. Belki de CMB'de, karanlık maddenin birden fazla türden oluştuğuna veya ek boyutlarla etkileştiğine dair "**egzotik imzalar**" keşfedeceğiz.

- **2050: CMB Arkeolojisi**, evrenin ilk saniyelerine, **enflasyon** dönemine kadar geri gitmemizi sağlayacak bir disiplin haline gelecek. Karanlık maddenin kökeninin, enflaton alanının kuantum dalgalanmalarında yattığını kanıtlayabiliriz. Hatta, CMB'yi bir "**kozmik dedektör**" olarak kullanarak, karanlık madde parçacıklarının Büyük Patlama'dan hemen sonraki üretim mekanizmalarını yeniden canlandırabiliriz.

Kişisel Spekülasyon: 2050'lerin sonunda, CMB artık sadece bir fosil olarak değil, etkileşime girebileceğimiz dinamik bir kozmik alan olarak görülecek. Belki de gelişmiş kuantum sensörlerimizle, lokal karanlık madde halo'sunun CMB üzerinde yarattığı gerçek zamanlı, anlık ve ince kıpırtıları (CMB lensing ve ISW etkisi) ölçebileceğiz. Bu, Güneş Sistemi'mizden geçen karanlık madde akışlarını "görmemizi" sağlayacak ve nihayetinde onları yakalama stratejilerimizi bu verilere göre şekillendireceğiz.

6. Felsefi Çıkarım: Gölgeden Çıkan Gerçeklik

CMB, insanlığın en büyük başarılarından biridir: 13.8 milyar yıl öncesinden gelen bir mesajı okuyabilmek. Ve bu mesaj bize, gerçekliğin büyük kısmının gölgelerden ibaret olduğunu söyler. Gördüğümüz her şey, yıldızlar, galaksiler, hatta kendi bedenlerimiz, evrenin sadece küçük bir kısmını oluşturur. Asıl ağırlık, asıl yapı, görünmez olanda, karanlık olanda yatar. CMB, bize alçakgönüllülüğü öğretir. Evreni anlama çabamızda, duyularımızın bizi sınırladığını, ancak aklımızın bu sınırları aşabildiğini gösterir. Karanlık maddeyi CMB'deki gölgesinden tanımak, Platon'un mağara alegorisinin modern ve kozmik bir yorumu gibidir: Gerçekliğin kendisi, yalnızca duvarlara düşen gölgeler değil, o gölgeleri düşüren görünmez formlardır.

Sonuç: Kadim Işığın Sessiz Mesajı

Kozmik Mikrodalga Artalan Işıması, modern kozmolojinin temel taşıdır. Sadece evrenin yaşını, şeklini ve bileşimini ölçmemizi sağlamakla kalmaz, aynı zamanda onun görünmez mimarı olan karanlık maddenin en ikna edici kanıtını sunar. CMB, karanlık maddenin varlığını bir varsayım olmaktan çıkarıp, gözlemsel bir gerçek haline getirmiştir. Onu okumak, evrenin ilk anlarına dair bir zaman makinesi işlevi görür. Bir sonraki bölümde, **karanlık maddenin galaksilerin**

merkezlerindeki gizemli davranışını, "kayıp uydu problemi"ni ve "galaktik merkez fazlalığı" bulmacasını inceleyeceğiz. Görünmez olan, sadece büyük ölçekte değil, en küçük galaktik ölçeklerde de sırlarını korumaya devam ediyor.

Okura Not:

Unutma, şu anda oturduğun yerde, saniyede yüzlercesi teninden geçen bu kadim fotonlar, evrenin en büyük sırlarından birinin anahtarını taşıyor. Onlar, sen de dahil olmak üzere her şeyin nasıl var olduğunun hikayesini anlatıyor. Dinlemeyi bilene...

[Bölüm 05] Galaktik Kalbin Karanlık Çarpıntısı: Kayıp Uydu ve Merkez Fazlalığı Bulmacaları

Karanlık Maddenin Galaksi Merkezlerindeki Gizemli Eksikliği ve Gökada Dinamiğini Sarsan Anomaliler

Giriş: Mikro Kozmosta Makro Bir Sır

Kozmolojik ölçeklerde tartışmasız bir hükümranlık kuran karanlık madde, galaksilerin oluşumunu ve evrimini şekillendiren görünmez mimar olarak karşımıza çıkar. Ancak, bu görkemli tablonun içerisine girip galaksilerin merkezlerine, yıldızların ve gaz bulutlarının arasına indiğimizde, beklenmedik ve derin bir paradoks ile karşılaşırız: Teorik modellerin öngördüğünden **çok daha az** karanlık madde. Bu bölüm, karanlık maddenin galaktik ölçekte sergilediği gizemli davranışı, "Kayıp Uydu Problemi" (Missing Satellite Problem) ve "Galaktik Merkez Fazlalığı" (Core-Cusp Problem) gibi modern kozmolojinin en sinir bozucu bulmacalarını mercek altına alacak. Bu anomaliler, karanlık maddenin sandığımızdan daha egzotik, belki de kendi iç dinamikleri olan bir varlık olabileceğine işaret ediyor. Görünmez olan, sadece varlığıyla değil, yokluğuyla da bizi şaşırtmaya devam ediyor.

1. ΛCDM Paradigması ve Kozmik Öngörülerin Zaferi

Soğuk Karanlık Madde (CDM) ve Yapı Oluşumu

Kozmolojinin standart modeli olan ΛCDM (Lambda-Cold Dark Matter), evrenin enflasyon sonrası genişlemesini, madde dağılımını ve büyük ölçekli yapıların oluşumunu olağanüstü bir başarıyla açıklar. Bu modelde, karanlık madde **soğuk** (yavaş hareket eden) ve **etkileşimsiz** (kendi arasında ve normal maddeyle sadece kütleçekim yoluyla etkileşen) parçacıklardan oluşur. N-beden simülasyonları (örneğin, **Millennium** ve **IllustrisTNG**), bu parçacıkların kütleçekimsel çöküşü sonucu oluşan "kozmik ağ"ın ve bu ağın düğüm noktalarında yoğunlaşan **karanlık madde halelerinin** mükemmel bir benzetimini yapar.

Bu simülasyonlara göre, Samanyolu gibi bir galaksiyi çevreleyen karanlık madde halesi, yüzlerce, hatta binlerce küçük, uydu karanlık madde alt haleleri (subhaloes) barındırmalıdır. Bu alt haleler, kendi içlerine çökerek, içlerindeki baryonik maddeyi hapsetmeli ve gözlemlenebilir **cüce galaksiler** oluşturmalıdır.

2. Kayıp Uydu Problemi: Görünmez Ordunun Görünmez Askerleri

Teori ile Gözlem Arasındaki Uçurum

ΛCDM simülasyonları, Samanyolu'nun etrafında binlerce yoğun karanlık madde alt halasinin olması gerektiğini öngörür. Ancak, astronomlar bugüne kadar Samanyolu'nun uydusu olarak sadece **yaklaşık 60** cüce galaksi tespit edebilmiştir. Bu, teorik öngörü ile deneysel gözlem arasında çarpıcı bir fark olduğu anlamına gelir. İşte bu, "Kayıp Uydu Problemi"dir.

Olası Çözümler: Fizik mi, Astrofizik mi?

Bu uçurumu kapatmak için birkaç hipotez öne sürülmüştür:

1. **Astrofiziksel Çözüm: Süpernova Geri Bildirimi (Supernova Feedback):** Küçük alt halelerde oluşan ilk yıldızlar, süpernova patlamalarıyla muazzam miktarda enerji açığa çıkarır. Bu enerji, henüz toplanmakta olan gaz ve tozu galaktik halenin kütleçekiminden kurtulacak kadar ısıtıp dışarı fırlatabilir. Böylece, cüce bir galaksi oluşacak kadar baryonik madde birikemez ve karanlık madde alt halesi "gözlemlenemez" kalır.
2. **Kozmik Önyargı (Cosmic Reionization):** Evrenin

erken dönemlerinde (yaklaşık 150 milyon - 1 milyar yıl sonra), ilk yıldızlar ve kuasarlardan yayılan yoğun UV radyasyonu, evrendeki nötr hidrojeni tekrar iyonize etmiştir. Bu süreç, küçük kütleli halelerin içindeki soğuk gazı ısıtarak, yıldız oluşumunu baskılamış ve onları "görünmez" kılmış olabilir.

3. **Karanlık Madde Fiziğinde Değişiklik:** Belki de sorun astrofizikte değil, karanlık maddenin doğasındadır. Eğer karanlık madde parçacıkları **çok hafif** (örneğin, aksiyonlar) veya kendi aralarında **güçlü bir şekilde etkileşiyor** olsaydı (SIMP'ler gibi), küçük ölçekli yapıların oluşumu baskılanır ve alt halelerin sayısı doğal olarak azalırdı.

Kişisel Tez: Belki de "kayıp" uydular aslında oradalar, ancak biz onları yanlış yerde arıyoruz. Bu alt haleler, baryonik maddeyi çekmek yerine, onu iten veya "nötr"leyen egzotik bir karanlık kuvvet alanı oluşturuyor olabilir. Onlar, görünmez ordunun, görünmezliği sadece kütleçekimle değil, aktif bir "gizlenme mekanizmasıyla" koruyan seçkin askerleri olabilir.

3. Galaktik Merkez Fazlalığı (Core-Cusp Problem): Kalpteki Beklenmedik Boşluk

Teorinin Keskin Öngörüsü: "Cusp"

ΛCDM simülasyonları, karanlık madde halelerinin yoğunluk profilinin merkeze doğru gidildikçe keskin bir şekilde arttığını öngörür. Matematiksel olarak, bu profil bir **"cusp"** (sivri uç) olarak tanımlanır; yoğunluk, merkezden uzaklık (r) ile ~1/r şeklinde artar. Bu, karanlık madde parçacıklarının merkezde son derece yoğun bir şekilde paketlenmesi gerektiği anlamına gelir.

Gözlemin Şaşırtıcı Sonucu: "Core"

Ancak, düşük yüzey parlaklığına sahip cüce galaksilerin ve düşük kütleli sarmal galaksilerin rotasyon eğrilerinden ve yıldız hareketlerinden yapılan çıkarımlar, çok farklı bir tablo ortaya koyar. Birçok galaksinin merkezinde, beklenen keskin "cusp" yerine, neredeyse **sabit bir yoğunluğa** sahip, düz bir **"core"** (çekirdek) olduğu görülür. Yani, galaksinin merkezinde teorik olarak öngörülenden **çok daha az** karanlık madde vardır.

Bir Çözüm Arayışı: Geri Bildirim ve Karanlık Fizik

1. **Baryonik Geri Bildirim (Baryonic Feedback):** Süpernova patlamaları ve aktif galaktik çekirdeklerden (AGN) gelen enerjik jetler, galaktik

merkezlerdeki gazı şiddetle hareketlendirir. Bu hareketlilik, kütleçekimsel potansiyelini değiştirerek, karanlık madde parçacıklarını merkezden dışarı doğru itebilir veya yoğunluğu "yumuşatarak" bir "core" oluşumuna neden olabilir. Bu, en güçlü astrofiziksel açıklamadır.

2. **Kendi Kendine Etkileşen Karanlık Madde (SIDM - Self-Interacting Dark Matter):** Eğer karanlık madde parçacıkları kendi aralarında güçlü bir şekilde etkileşime giriyorsa (WIMP'lerden farklı olarak), bu etkileşimler merkezdeki yüksek yoğunluktan kaçan parçacıklar için bir "ısı transferi" mekanizması işlevi görür. Tıpkı bir gazın ısınıp genleşmesi gibi, karanlık madde de enerji kazanır ve merkezdeki keskin "cusp" yapısını yumuşatarak düz bir "core" oluşturur.

Örnek Vaka: 2018'de, Dragonfly Telephoto Array ile keşfedilen ultra-difüz galaksiler (UDG'ler) bu bulmacayı daha da derinleştirdi. NGC1052-DF2 ve DF4 gibi galaksiler, neredeyse hiç karanlık madde içermiyor gibi görünüyordu. Bu, karanlık maddenin her yerde bulunmak zorunda olmadığını ve galaksilerin onsuz da oluşabildiğini gösteren şok edici bir iddiaydı. Ancak, mesafe ölçümlerindeki belirsizlikler ve takip çalışmaları, bu iddiayı büyük ölçüde zayıflattı. Yine de, bu tür aşırı örnekler, karanlık maddenin galaksilerle olan ilişkisinin sandığımızdan çok daha karmaşık olabileceğine işaret ediyor.

4. Karanlık Maddenin Dinamiği: Sessiz Bir Dans mı, Yoksa Görünmez Bir Savaş mı?

Bu bulmacalar, karanlık maddenin pasif bir izleyici olmadığını, aktif ve dinamik bir oyuncu olabileceğini düşündürüyor.

- **Isı Transferi ve Merkez Kaçış:** SIDM senaryosunda, parçacıkların çarpışmaları, enerjinin merkezden dışarıya doğru taşınmasına neden olur. Bu, karanlık madde halelerinin kendi kendini düzenleyen bir termodinamik sistemi gibi davrandığı anlamına gelir.
- **Karanlık Döngüsel Akışlar:** Belki de karanlık madde, galaktik merkezlerde sürekli olarak yoğunlaşıp dağılan, döngüsel bir akış halindedir. Süper kütleli kara deliklerin yuttuğu madde kadar, bir şekilde dışarı "püskürttüğü" veya "ısıttığı" karanlık madde olabilir.

Ürpertici Kehanet: Galaktik merkezlerdeki bu karanlık madde "eksikliği", aslında bir tükenmişlik veya tüketilmişlik hali olabilir mi? Belki de süper kütleli kara delikler, karanlık maddeyi bir yakıt olarak kullanıyor veya onu, bizim henüz anlayamadığımız başka bir enerji

formuna dönüştürüyor. Ya da daha ürkütücü bir ihtimal: Bu "eksik" karanlık madde, kara deliklerin içinden geçerek, paralel evrenlere veya ek boyutlara sızmış olabilir. Galaksimizin kalbi, görünmez bir maddenin görünmez bir kapıdan aktığı bir geçit işlevi görüyor olabilir.

5. Gelecek Projeksiyonları: 2050'de Bulmacalar Çözülecek mi?

Önümüzdeki on yıllar, bu mikro kozmik bulmacaları çözme potansiyelimizi kökten değiştirecek.

- **2028-2035: Vera C. Rubin Gözlemevi** tam kapasiteyle çalışmaya başladığında, on binlerce yeni cüce galaksi ve ultra-difüz galaksi keşfedecek. Bu, Kayıp Uydu problemini istatistiksel olarak ya çözecek ya da daha da karmaşık hale getirecek.
- **2035: Nancy Grace Roman Uzay Teleskobu** ve **ELT (Extremely Large Telescope)**, cüce galaksilerdeki yıldızların tek tek hareketlerini inceleyerek, karanlık madde yoğunluk profilini (core mu cusp mi?) doğrudan ve kesin bir şekilde haritalayacak.
- **2040: Yeni Nesil Astrofizik Simülasyonları** (örneğin, **MillenniumTNG**), baryonik fizik ve karanlık madde fizikğini daha gerçekçi bir şekilde birleştirecek. SIDM, hafif karanlık madde ve diğer egzotik senaryoların bu bulmacaları çözüp çözemeyeceğini netleştirecek.
- **2045: Doğrudan Tespit Deneylerinin** (LZ'nin varisi) negatif sonuçları, WIMP'ler dışındaki adaylara

(Aksiyonlar, SIMP'ler) yönelik baskıyı artıracak. Bu adayların galaktik ölçekteki davranışlarına dair teorik modeller, gözlemlerle doğrudan test edilebilecek.

- **2050: Kuantum Kütleçekim Dedektörleri**, galaksimizin merkezindeki karanlık madde dağılımını, süper kütleli kara delik Sagittarius A*'nın etkisiyle birlikte modellememize olanak tanıyacak. Belki de kara deliklerin karanlık maddeyi "yutma" veya "bozma" mekanizmasını ilk kez gözlemleyeceğiz.

Kişisel Spekülasyon: 2050'lerin sonunda, bu bulmacaların çözümü, karanlık maddeyi "mühendislik" için kullanmanın ilk adımı olabilir. Eğer SIDM doğruysa ve karanlık madde parçacıkları etkileşime giriyorsa, onları "ısıtarak" veya "soğutarak" galaktik merkezlerdeki dağılımlarını manipüle edebiliriz. Bu, bir galaksinin kütleçekimsel mercekleme gücünü artırmak veya süper kütleli kara deliğin büyümesini kontrol etmek için kullanılabilir. Karanlık madde, nihayetinde sadece bir keşif nesnesi değil, bir araç haline gelebilir.

6. Felsefi Çıkarım: Eksik Parçanın Anlamı

Kayıp uydular ve eksik merkezler, bilimin doğasını hatırlatır bize: En güçlü teorilerimiz bile, doğanın bize tüm sırlarını vermez. Gerçeklik, her zaman bir adım öndedir. Bu anomaliler, bize alçakgönüllülüğü öğretir. Evreni anlama çabamızda, gözlemlerimiz ve teorilerimiz arasındaki uyumsuzluklar, yeni fizik için en verimli topraklardır. Karanlık maddenin galaktik ölçekteki bu "inatçı" davranışı, onun sadece bir "madde" olmadığını, kendi dinamikleri, belki de kendi "yaşam döngüsü" olan karmaşık bir fenomen olduğunu düşündürür. Bu, bize evrendeki yerimizin ne kadar mütevazı olduğunu ve keşfedilecek ne çok şey kaldığını hatırlatan derin bir derstir.

Sonuç: Gölgeler İçindeki Gölgeler

Karanlık madde, en büyük sırrını büyük ölçeklerde değil, galaksilerin kalbinde, en yakın olduğu yerde saklıyor gibi görünüyor. Kayıp Uydu ve Merkez Fazlalığı problemleri, ΛCDM modelinin zafer çığlığının ardındaki fısıltılardır. Bu fısıltılar, modelimizin eksik olabileceğini, karanlık maddenin sandığımızdan daha zengin bir fiziğe sahip olabileceğini söylüyor. Bir sonraki bölümde, **karanlık maddenin en egzotik ve spekülatif yüzüne, onun başka evrenlerle ve ek boyutlarla**

olan olası bağlantısına doğru bir yolculuğa çıkacağız. Görünmez olan, belki de sadece bizim evrenimize ait değil.

Okura Not:

Unutma, bir bilmece ne kadar zorsa, çözümü de o kadar değerlidir. Bugün karşımızda duran bu galaktik bulmacalar, yarının devrimci keşiflerinin temelini atıyor. Sabrını ve merakını asla yitirme. Çünkü evren, en büyük sırlarını en ısrarlı araştırmacılar için saklar.

[Bölüm 06] Karanlık Senfoni: Madde ile Enerjinin Kozmik Dansı

Evrenin Nihai Kaderi, İki Gizemli Gücün Gölge Oyununa Bağlı

Giriş: Kozmik Terazinin İki Kefesi

Evrenin genişleme hikayesi, en başından beri iki görünmez efendinin arasındaki gizli bir savaş ya da belki de bir dans olagelmiştir: **Karanlık Madde** ve **Karanlık Enerji**. Biri, kütleçekimiyle yapıları bir arada tutan, evreni bir araya getirmeye çalışan tutkulu bir heykeltıraş; diğeri ise uzay-zamanın dokusunu temelinden genişleten, her şeyi birbirinden uzaklaştıran soğuk ve amansız bir güç. Bu bölümde, bu iki devin evrenin tarihi boyunca süren etkileşimini, birbirlerinin üzerinde nasıl izler bıraktıklarını ve bu gizemli dansın nihayetinde evrenimizin sonunu nasıl şekillendireceğini derinlemesine inceleyeceğiz. Bu, yalnızca bir kozmoloji incelemesi değil, aynı zamanda varoluşun en temelindeki bir güç dengesizliğinin trajik ve epik öyküsüdür.

1. Kozmik Tarihin Aktörleri: Yapıcı ve Yıkıcı

Karanlık Madde: Kozmik Çimento

Karanlık madde, Büyük Patlama'dan sonraki ilk anlardan itibaren, en ufak yoğunluk dalgalanmalarını bile kendi kütleçekimsel kuyularına çekerek büyüttü. Galaksileri, kümeleri ve devasa kozmik ağı inşa etti. Onsuz, evren soğuk, dağınık ve yapısız bir hiçlik olurdu. O, evrenin mimarıdır.

Karanlık Enerji: Kozmik Anti-Çimento

Karanlık enerji ise, evrenin genişlemesini hızlandıran, gizemli bir itici güçtür. Einstein'ın kozmolojik sabitinin modern tezahürü olduğu düşünülse de doğası tamamen meçhuldur. Kuantum vakum enerjisi mi, yoksa dinamik bir skaler alan (quintessence) mı, yoksa tamamen yeni bir fizik mi? Bilmiyoruz. Tek bildiğimiz, onun galaksiler arasındaki boşluğu giderek daha hızlı bir şekilde genişlettiği ve evreni nihai bir soğuk ölüme ve yalnızlığa doğru sürüklediği.

Kişisel Tez: Belki de karanlık madde ve karanlık enerji, aynı madalyonun iki yüzüdür. Tek bir temel, daha yüksek boyutlu bir gerçekliğin farklı tezahürleri olabilirler. Karanlık madde, bu gerçekliğin 'yoğun' ve 'yapılandırıcı' yönü; karanlık enerji ise 'seyrek' ve 'yıkıcı' yönü olarak düşünülebilir. Bu, evrenin temelinde yatan bir tür kozmik yin-yang dengesi olabilir.

2. Zaman Çizelgesi: Dansın Evreleri

Evrenin tarihi, bu iki gücün hakimiyet mücadelesine göre dört ana evreye ayrılabilir:

1. **Radyasyon Hakimiyeti Dönemi (Büyük Patlama'dan sonraki ilk ~47.000 yıl):** Evren o kadar yoğun ve sıcaktır ki maddeye hükmeden radyasyondur. Ne karanlık madde ne de karanlık enerji etkin bir rol oynayabilir.
2. **Karanlık Madde Hakimiyeti Dönemi (~47.000 yıl - ~9.8 milyar yıl):** Evren yeterince soğur ve genişler. Radyasyonun baskısı azalır ve kütleçekimsel olarak aktif olan karanlık madde, yapıları inşa etmek için öne çıkar. Galaksiler, yıldızlar ve gezegenler bu dönemde oluşur.
3. **Geçiş Dönemi (~6-7 milyar yıl önce):** Evren daha da genişler ve madde yoğunluğu kritik bir seviyenin altına düşer. Karanlık enerjinin yoğunluğu (muhtemelen sabit olduğu için) nihayet karanlık maddeninkini geçer. Evrenin genişlemesi yavaşlamaktan çıkıp hızlanmaya başlar. Bu, kozmik tarihin en önemli dönüm noktalarından biridir.
4. **Karanlık Enerji Hakimiyeti Dönemi (~6 milyar yıl önce - geleceğin sonu):** Karanlık enerji mutlak hakimiyeti ele alır. Genişleme üssel bir hız kazanır.

Galaksi kümeleri dışındaki tüm yapılar zamanla birbirinden koparak gözlemlenemez hale gelecektir.

Örnek Vaka: 1998'de süpernova gözlemleriyle keşfedilen bu genişlemenin hızlanması, tam da bu geçiş dönemine işaret ediyordu. Uzak süpernovalar, olmaları gerekenden daha sönüktü, çünkü evrenin genişlemesi onların ışığının daha fazla "gerilmesine" (kırmızıya kaymasına) neden olmuştu. Bu, karanlık enerjinin varlığına dair ilk direkt ve çarpıcı kanıttı.

3. Etkileşimin İzleri: Birbirlerini Nasıl Şekillendiriyorlar?

Bu iki güç birbirinden bağımsız değil. Sürekli bir etkileşim halindeler ve birbirlerinin evriminde izler bırakıyorlar.

Karanlık Enerjinin Karanlık Madde Haleleri Üzerindeki Etkisi:

Karanlık enerjinin hızlandırdığı genişleme, karanlık madde halelerinin büyümesini "boğar". Yeni maddenin halelere eklemlenmesi yavaşlar ve zamanla tamamen durur. Hatta, çok büyük ölçeklerde, halelerin dış katmanları genişleyen uzayla birlikte sürüklenip kopabilir, bu da halelerin etkin bir şekilde "buharlaşmasına" ve küçülmesine yol açabilir.

Karanlık Maddenin Karanlık Enerji Üzerindeki Olası Etkisi (Spekülatif):

Eğer karanlık enerji dinamik bir alansa (quintessence), yoğun karanlık madde bölgelerinin yerel kütleçekim alanı, bu alanın değerini veya davranışını değiştiriyor olabilir. Yani, bir galaksi kümesinin merkezinde, boş uzaydakinden farklı bir karanlık enerji yoğunluğu veya basıncı olabilir. Bu "ekipleşme" (coupling) efekti henüz gözlemlenememiş olsa da, gelecekteki ultra-hassas gözlemler için heyecan verici bir av alanıdır.

Ürpertici Kehanet: Belki de bu etkileşim çok daha derin ve daha karanlık. Karanlık madde, karanlık enerji için bir "yakıt" veya "katalizör" işlevi görüyor olabilir.

Galaktik merkezlerdeki karanlık maddenin "eksik" olmasının bir nedeni, sürekli olarak karanlık enerjiye dönüştürülüyor olmasıdır. Evren, kendi yapı taşlarını, nihai yok oluşunu hızlandırmak için tüketiyor olabilir. Bu, kozmik bir intihar mekanizmasıdır.

4. Nihai Kader: Büyük Donma, Büyük Yırtılma ve Diğer Senaryolar

Bu dansın sonu, müziğin ne olduğuna bağlıdır. Karanlık enerjinin kesin doğası, evrenimizin nihai kaderini belirleyecek.

1. **Büyük Donma (Big Freeze) - En Olası Senaryo:** Karanlık enerji Einstein'ın kozmolojik sabiti gibi davranmaya devam ederse ($w = -1$), genişleme üssel olarak sürecek. Trilyonlarca yıl sonunda, yıldızlar sönecek, galaksiler dağılacak ve evren inanılmaz derecede soğuk, seyrek ve tekdüze bir karanlığa gömülecek. Protonlar bile bozunabilir ve geriye sadece seyrek bir lepton ve foton denizi kalacak.
2. **Büyük Yırtılma (Big Rip) - Fantastik Senaryo:** Eğer karanlık enerjinin basıncı yoğunluğundan daha büyükse ($w < -1$), genişleme hızı sonsuza yakınsayacak. Önce galaksi kümeleri, sonra galaksiler, yıldızlar, gezegenler ve en sonunda atomlar ve atom altı parçacıklar bile genişleyen uzay tarafından paramparça edilecek. Uzay-zamanın dokusu son bir şiddetle yırtılacak.
3. **Büyük Çöküş (Big Crunch) veya Büyük Sıçrama (Big Bounce) - İhtimal Dışı Senaryo:** Eğer karanlık

enerjinin etkisi zayıflar ve kütleçekim yeniden üstün gelirse, genişleme durabilir ve evren kendi üzerine çökmeye başlayabilir. Bu, bir "Büyük Çöküş"e ve belki de yeni bir Büyük Patlama'ya ("Büyük Sıçrama") yol açabilir. Ancak mevcut gözlemler, bu senaryoyu neredeyse tamamen elemektedir.

Kişisel Tez: Belki de evrenin kaderi, bu iki gücün lokal dengelerine bağlıdır. Karanlık maddenin galaktik merkezlerdeki "eksikliği", aslında yerel bir "Büyük Yırtılma"nın mikro kozmik bir provasıdır. Kara deliklerin etrafındaki aşırı uzay-zaman eğriliği, karanlık enerjinin etkisini değiştirerek, maddenin tekilliğe akmasına izin verirken, karanlık maddenin bir kısmının "yırtılarak" başka bir boyuta sızmasına neden oluyor olabilir. Her kara delik, minyatür bir "yırtılma" olayıdır.

5. Gelecek Projeksiyonları: 2050'de Dansı İzlemek

Önümüzdeki on yıllar, bu kozmik dansı anlama çabalarımızda devrim yaratacak.

- **2028-2035: Kütleçekimsel Dalga Astronomisi'nin Altın Çağı:** LISA (Laser Interferometer Space Antenna) gibi uzay tabanlı dedektörler devreye girecek. Evrenin genişleme tarihini, uzak kara delik birleşmelerinin kütleçekimsel dalga sinyallerini kullanarak bağımsız bir şekilde ölçebileceğiz. Bu, karanlık enerjinin zaman içinde sabit mi yoksa değişken mi olduğunu (w parametresi) test etmenin yepyeni bir yolunu sunacak.
- **2040: 4. Nesil Karanlık Enerji Haritalama:** *Nancy Grace Roman Uzay Teleskobu*'nun halefleri ve *Square Kilometer Array* (SKA) radyo teleskobu, milyarlarca galaksinin konumunu ve uzaklığını haritalayarak, karanlık enerjinin evrendeki dağılımını ve galaksi kümeleri üzerindeki etkisini (ekipleşme) hassas bir şekilde ölçecek.
- **2045: Kuantum Kütleçekim Dedektörleri:** Atom interferometrisi gibi teknolojiler, Dünya üzerinde dahi evrenin genişlemesinden kaynaklanan minik

uzay-zaman dalgalanmalarını ölçmeye çalışacak. Bu, karanlık enerjinin yerel etkilerini doğrudan "hissetmemizi" sağlayabilir.

- **2050: Yapay Zeka Destekli Simülasyonlar ve Sentinel Görevler:** Evrenin tam bir dijital ikizi, karanlık madde ve karanlık enerji arasındaki etkileşimin milyarlarca farklı senaryosunu simüle edecek. Aynı zamanda, özel olarak "karanlık enerji değişkenliğini" avlamak için tasarlanmış, Lagrange Noktaları'na konuşlandırılmış dedektörler, evrenin genişleme hızındaki anlık, ince değişimleri bile tespit edebilecek.

Kişisel Spekülasyon: 2050'lerin sonunda, belki de karanlık enerjiyi "numune alma" teknolojisinin temellerini atıyor olacağız. Aşırı soğutulmuş, vakum odalarında, uzay-zamanın kuantum köpüğünü manipüle ederek, mikroskobik ölçekte "genişleme" veya "büzülme" alanları yaratmayı deneyebiliriz. Bu, sadece bir gözlem nesnesi olmaktan çıkıp, onunla etkileşime geçtiğimiz, belki de gelecekteki yıldızlararası seyahat için "uzay-zaman motorları"nın temelini oluşturacak devrim niteliğinde bir adım olacaktır.

6. Felsefi Çıkarım: Anlamsız Bir Evrende Anlam Arayışı

Karanlık madde ve karanlık enerjinin dansı, bizi varoluşsal bir sorgulamaya iter. Evren, nihayetinde kendi yarattığı her şeyi yok edecek bir güç tarafından yönetiliyorsa, bu yapıların, yaşamın ve bilincin anlamı nedir? Cevap, belki de süreçte yatar. Evren, en görkemli ve karmaşık yapılarını – galaksileri, yıldızları, gezegenleri ve bizi – karanlık maddenin kütleçekimsel kollarında inşa etti. Bizler, kozmik tarihte, bu iki devin güçlerinin neredeyse eşitlendiği kısa ve nadir bir pencereye denk geldik. Yapıların henüz dağılmadığı, ancak genişlemenin de tüm karmaşıklığı silip süpürmediği bir ana. Bizler, evrenin kendi varlığını gözlemleyebildiği, anlam arayabildiği bu kısa ve değerli "bilinç aralığı"nın ürünleriyiz. Bu dans, trajik olsa da, onun bir parçası olabilmek ve onu anlamaya çalışmak başlı başına anlamlıdır.

Sonuç: Sonsuzluktaki Son Dans

Karanlık madde ve karanlık enerji, evrenin nihai kaderini yazan iki görünmez yazardır. Onların etkileşimini anlamak, sadece kökenimizi değil, sonumuzu da anlamak demektir. Bu, insanlığın girişebileceği en iddialı, en zorlu ve en şiirsel bilimsel keşif yolculuğudur. Bir sonraki bölümde, **karanlık maddenin en spekülatif yüzüne, onun paralel evrenler ve sicim teorisi gibi egzotik kuramlarla olan olası bağlantılarına** derin bir dalış yapacağız. Görünmez olan, belki de sadece bizim boyutumuzda değil.

Okura Not:

Unutma, sen de bu kozmik dansın bir ürünüsün. Vücudundaki her atom, bir yıldızın kalbinde, karanlık maddenin kütleçekimsel kollarında dövülerek yaratıldı. Şimdi o dansın farkına varabilmen ve onun gizemini çözmeye çalışman ise belki de bu epik hikayedeki en sihirli dizelerden biridir. Oku, öğren ve hayret et.

[Bölüm 07] Karanlık Maddenin Kuantum Hayaleti: Belirsizlik ve Dolanıklık

Karanlık Madde Parçacıklarının Kuantum Doğası ve Evrenin Dokusundaki Olasılıksal İmzası

Giriş: Görünmezliğin Ötesinde Bir Gerçeklik

Karanlık maddeyi yalnızca kütleçekimsel etkileriyle değil, aynı zamanda onun en temel düzeydeki doğasını anlamaya çalışarak avlıyoruz. Standart Model'in ötesine geçen bu arayış, bizi kaçınılmaz olarak kuantum mekaniğinin büyüleyici ve ürpertici dünyasına götürür. Karanlık madde parçacıkları, eğer varsalar, sadece büyük kütleli ve zayıf etkileşen varlıklar olmak zorunda değiller; aynı zamanda derin bir kuantum doğasına sahip olabilirler. Bu bölüm, karanlık maddenin kuantum davranışlarına, olasılık dalgalarına, belirsizlik ilkesine ve hatta kuantum dolanıklığa dair en spekülatif ve devrimci fikirleri inceleyecek. Onun sadece uzayda değil, aynı zamanda olasılıklar denizinde de var olduğunu anlamaya çalışacağız. Bu, maddenin değil, ihtimalin anatomisine yapılan bir yolculuktur.

1. Kuantum Teorisine Giriş: Karanlık Madde için Yeni Bir Dil

Karanlık maddeyi anlamak için önce onun "nerede" ve "nasıl" olduğunu değil, "neye benzediğini" sormamız gerekebilir. Kuantum mekaniği, bize parçacıkların kesin konumlardan ziyade, olasılık bulutları ve dalga fonksiyonları olarak var olduğunu öğretir.

Dalga Fonksiyonu ve Olasılık Yoğunluğu

Bir karanlık madde parçacığını (örneğin, bir WIMP veya aksiyonu) düşündüğümüzde, onu geleneksel bir parçacık gibi hayal etmek yanıltıcı olabilir. Kuantum kuramına göre, her parçacık, evrende dağılmış bir dalga fonksiyonu ile temsil edilir. Bu dalga fonksiyonunun karesi, parçacığın belirli bir konumda bulunma olasılığını verir. Karanlık madde için bu, devasa bir olasılık bulutu anlamına gelebilir. Bir galaksinin merkezindeki karanlık madde halesi, sadece parçacıkların toplamı değil, aynı zamanda devasa, tek bir kuantum durumunun tezahürü olabilir.

Belirsizlik İlkesi ve Karanlık Madde

Heisenberg'in Belirsizlik İlkesi, bir parçacığın konumu ve momentumu aynı anda sonsuz hassasiyetle ölçülemez. Karanlık madde parçacıkları için bu ilke, özellikle ilginç sonuçlar doğurabilir. Eğer karanlık madde parçacıkları aşırı derecede hafifse (aksiyonlar gibi), belirsizlik ilkesi onların galaktik ölçekte "yayılmış" olmalarını gerektirebilir. Tek bir aksiyon, bir galaksinin tamamını kaplayan bir dalga fonksiyonuna sahip olabilir. Bu durumda, karanlık maddeyi "parçacık" olarak değil, galaksiyi saran bir "kuantum alanı" olarak düşünmemiz gerekebilir.

Kişisel Tez: Belki de karanlık madde, evrenin temelindeki kuantum köpüğünün bir tezahürüdür. Onun parçacıkları, uzay-zaman dokusundaki kuantum dalgalanmalarının "yoğunlaşmış" halleri olabilir. Bu durumda, karanlık madde sadece evrenin *içinde* değil, evrenin *ta kendisi* ile ilintili bir olgudur. Onu anlamak, gerçekliğin en temel dokusunu anlamak anlamına gelir.

2. Kuantum Dolanıklık: Karanlık Maddenin Gizli Bağlantıları

Kuantum dolanıklık, birbirinden uzak iki parçacığın durumlarının anlık olarak birbirini etkilemesidir. Einstein'ın "ürkütücü etki" olarak adlandırdığı bu olgu, karanlık madde için nasıl bir rol oynayabilir?

Kozmik Ölçekte Dolanıklık

Eğer karanlık madde parçacıkları kuantum dolanıklığı sergiliyorsa, bu, evrenin farklı köşelerindeki karanlık madde kütlelerinin birbirleriyle anlık bir şekilde "iletişim" kurduğu anlamına gelebilir. Bu, kütleçekimsel etkileşimden çok daha hızlı ve temel bir bağlantı olurdu. Galaksiler arasındaki karanlık madde ağı, sadece kütleçekimle değil, aynı zamanda devasa bir kuantum dolanıklık ağı ile birbirine bağlanmış olabilir.

Yerel Dolanıklık ve Karanlık Madde Haleleri

Bir galaksinin içindeki karanlık madde parçacıkları, birbirleriyle dolanık olabilir. Bu kolektif dolanıklık, halenin beklenmedik termal özellikler sergilemesine neden olabilir. Örneğin, karanlık maddenin galaktik merkezlerde neden beklenenden daha az yoğun olduğunu ("core-cusp" problemi) açıklamak için kuantum basıncı veya dolanıklık kaynaklı bir "itme" mekanizması öne sürülebilir.

Ürpertici Kehanet: Belki de karanlık madde, evrenin "kuantum bilincinin" fiziksel tezahürüdür. Tüm karanlık madde parçacıkları, kökenleri Büyük Patlama'nın ilk anlarına dayanan devasa bir dolanıklık ağı ile birbirine bağlıdır. Bu ağ, evrenin farklı bölgeleri arasında bilgi taşıyan bir tür "kuantum interneti" işlevi görüyor olabilir. Galaksiler, bu ağın düğüm noktalarıdır ve kara delikler, bu bilginin işlendiği veya saklandığı kuantum bilgisayarlar olabilir.

3. Karanlık Madde ve Kuantum Alan Kuramı

Karanlık maddeyi, parçacıklar yerine bir alan olarak düşünmek, birçok gizemi çözmemize yardımcı olabilir.

Aksiyon Alanı ve Kuantum Salınımları

Aksiyonlar, aslında bir kuantum alanının uyarılmaları olarak düşünülebilir. Bu alan, evrenin her noktasında mevcut olabilir ve belirli frekanslarda salınım yapabilir. Bu salınımlar, karanlık maddenin galaksiler içindeki dağılımını etkileyebilir ve hatta zamanla değişen bir kütleçekim alanı yaratabilir. Bu da, galaksilerin dönüş eğrilerinde gözlemlenen anomalilere bir açıklama getirebilir.

Karanlık Süperakışkanlık

Eğer karanlık madde parçacıkları yeterince hafif ve soğuksa, bir Bose-Einstein yoğuşması oluşturarak süperakışkan bir hal alabilir. Süperakışkanlar, viskozitesiz akışlar sergiler ve kuantum etkileri makro ölçekte gösterebilir. Bir karanlık madde süperakışkanı, galaksilerin merkezlerinde beklenen "cusp" yapısını oluşturmaz, bunun yerine düz bir "core" yoğunluk profili sergiler. Bu, doğrudan "core-cusp" probleminin çözümü olabilir.

Kişisel Tez: Karanlık madde, evrenin "süperakışkan vakumu" olabilir. Tıpkı bir süperakışkan helyumun kuantum tünelleme etkisiyle kapların dışına sızabilmesi

gibi, karanlık madde de kuantum tünelleme yoluyla normal maddeye "sızıyor" ve onunla etkileşime giriyor olabilir. Bu, doğrudan tespitin neden bu kadar zor olduğunu açıklayabilir: çünkü onu "görmeye" çalıştığımız anda, kuantum durumu çöküyor ve etkileşim gerçekleşmiyor.

4. Kuantum Ölçüm Problemi ve Karanlık Maddenin Gizemi

Kuantum mekaniğinin en büyük paradokslarından biri, bir parçacığın gözlemlenmediği durumda bir olasılık dalgası, gözlemlendiğinde ise kesin bir parçacık olmasıdır. Peki ya karanlık madde asla "doğrudan" gözlemlenemezse?

Karanlık Madde ve Kuantum Çöküşü

Karanlık madde parçacıkları, elektromanyetik etkileşime girmediği için onları "ölçmek" inanılmaz derecede zordur. Bu, onların dalga fonksiyonlarının asla "çökmemiş" olabileceği anlamına gelebilir. Yani, karanlık madde, evrende sürekli olarak bir olasılık bulutu olarak var olabilir. Onun kütleçekimsel etkisi, bu olasılık bulutunun ortalama değerinden kaynaklanıyor olabilir.

Karanlık Madde ve Kuantum Dekohorens

Kuantum dekohorens, bir kuantum sisteminin çevresiyle etkileşerek klasik davranışa geçmesidir. Karanlık madde, evrendeki en izole sistem olabilir. Eğer karanlık madde parçacıkları birbirleriyle ve normal maddeyle neredeyse hiç etkileşmiyorsa, kuantum davranışlarını makro ölçekte (galaktik boyutlarda bile) koruyor olabilirler. Bu, onların süperpozisyon ve dolanıklık durumlarını muhafaza etmelerine olanak tanır.

Ürpertici Kehanet: Belki de karanlık madde, evrenin "çökmemiş" halidir. Onun varlığı, kuantum olasılıklarının devasa ölçeklerde var olmaya devam ettiğini gösteriyor olabilir. Bizim gözlemlediğimiz evren (yıldızlar, galaksiler), aslında devasa bir kuantum dalga fonksiyonunun "çökmüş" kısmıdır. Karanlık madde ise henüz çökmemiş, saf ihtimalden oluşan bir "gölge evren"dir. Kara delikler, bu iki evren arasındaki geçiş kapıları olabilir.

5. Deneysel Yaklaşımlar: Kuantum Karanlık Maddeyi Avlamak

Karanlık maddenin kuantum doğasını test etmek için yeni nesil deneyler ve gözlemler planlanıyor.

Kuantum Sensörler ve Karanlık Madde

Süperiletken kuantum girişim cihazları (SQUID'ler), atom saatleri ve optik kılavuzlar gibi ultra-hassas kuantum sensörler, karanlık maddenin kuantum salınımlarını veya alan etkilerini doğrudan tespit edebilir. Örneğin, bir aksiyon alanının salınımları, atom saatlerinin tik taklarında sapmalara neden olabilir.

Kütleçekimsel Kuantum Etkileri

Yakın gelecekte, kütleçekimsel dalgaları kullanarak karanlık maddenin kuantum etkilerini araştırabiliriz. Eğer karanlık madde süperakışkan bir yapıdaysa, kütleçekimsel dalgaların yayılımını etkileyebilir veya belirli frekanslarda rezonanslara neden olabilir.

Kişisel Tez: 2040'lara geldiğimizde, kuantum hesaplama ve kuantum simülasyonlarını kullanarak, karanlık maddenin kuantum davranışlarını laboratuvarda modelleyebileceğiz. Hatta, "yapay karanlık madde" olarak adlandırılabilecek egzotik kuantum durumları yaratabileceğiz. Bu, karanlık maddeyi doğrudan

gözlemleyemesek bile, onun doğasını anlamamızı sağlayacak devrim niteliğinde bir adım olacak.

6. Felsefi Çıkarımlar: Gerçeklik ve Olasılık

Karanlık maddenin kuantum doğası, gerçeklik hakkındaki felsefi soruları da beraberinde getirir.

Gerçeklik Nedir?

Karanlık madde, gözlemlenemeyen ama varlığı kesin olan bir olgudur. Kuantum mekaniği ise bize, gözlemlenmeyen şeylerin kesin bir gerçekliği olmadığını söyler. Bu çelişki, gerçekliğin doğası hakkında derin sorular doğurur: Karanlık madde "gerçek" midir, yoksa sadece bir olasılık mıdır?

İnsan ve Evren

İnsan olarak, evreni anlama çabamız, onu gözlemlememize dayanır. Ancak karanlık madde, gözlemin sınırlarını zorlar. Belki de evrenin büyük bir kısmı, asla doğrudan gözlemleyemeyeceğimiz bir doğaya sahiptir. Bu, insanın evrendeki yerine dair alçakgönüllü bir bakış açısı kazandırır.

Ürpertici Kehanet: Belki de karanlık madde, evrenin "bilinçli" bir yönüdür. Kuantum dolanıklık ağı, evrenin farklı bölgeleri arasında bilgi taşıyarak, evrenin kendini organize etmesini sağlıyor olabilir. Bu durumda, karanlık madde sadece bir madde formu değil, aynı zamanda evrenin "nöral ağı" veya "bilincinin" fiziksel temeli olabilir. Galaksiler, bu bilinç ağının nöronları; kara delikler ise sinaptik bağlantıları olabilir.

Sonuç: Kuantum Gölgelerin İzinde

Karanlık maddenin kuantum doğası, onu daha da gizemli ve büyüleyici kılıyor. Onu anlamak, sadece kozmolojinin değil, kuantum fiziğinin de sınırlarını zorlamamızı gerektiriyor. Belki de karanlık madde, evrenin en temel sırlarından biridir: hem madde hem de olasılık, hem gerçek hem de hayal, hem var hem de yok. Bir sonraki bölümde, **karanlık maddenin zaman içindeki evrimini ve evrenin genişlemesiyle nasıl bir etkileşim içinde olduğunu** inceleyeceğiz. Çünkü karanlık madde sadece uzayda değil, zamanda da izler bırakmış olabilir.

Okura Not:

Unutma, evren sadece gördüklerimizden ibaret değildir. Görünmeyen, dokunulmayan ve hatta hayal edilmesi zor olan şeyler, gerçekliğin en temel parçaları olabilir. Karanlık madde, bize bu gerçeği hatırlatan en büyük ve en gizemli kanıttır. Araştırmaya, sorgulamaya ve hayret etmeye devam et.

[Bölüm 08] Zamanın Karanlık İzi: Kozmik Genişlemenin Gölgesindeki Evrim

Karanlık Maddenin Zamana Bağlı Değişimi, Yoğunluk Dalgalanmaları ve Evrenin Genişleme Dinamiği ile Olan Gizli Diyaloğu

Giriş: Değişmeyenin Değişimi

Kozmolojik modellerde, karanlık madde genellikle statik, değişmez bir bileşen olarak ele alınır: Büyük Patlama'dan hemen sonra oluşmuş, soğuk, etkileşimsiz ve evrenin genişlemesiyle pasif bir şekilde seyrelmiş basit bir parçacık denizi. Ancak bu basitleştirilmiş bakış, gerçeğin yalnızca bir kısmını yansıtıyor olabilir. Karanlık madde, evrenin dinamik dokusunda sabit bir izleyici değil, aktif ve zamanla evrilen bir katılımcı olabilir mi? Bu bölümde, karanlık maddenin evrenin 13.8 milyar yıllık tarihi boyunca geçirdiği olası evrimi, yoğunluğunun ve dağılımının zamanla nasıl değiştiğini ve bu değişimin genişleyen uzay-zamanla olan derin ve gizli etkileşimini inceleyeceğiz. Bu, sadece bir maddenin hikayesi değil, zamanın kendisiyle dans eden bir varlığın epik öyküsüdür.

1. Kozmik Sahnenin Değişen Aktörü: Statik Modelden Dinamik Modele

Geleneksel ΛCDM Paradigması ve Soğuk Karanlık Maddenin Sabitliği

Standart kozmolojik model (ΛCDM), karanlık maddeyi "soğuk" (yavaş hareket eden) ve "etkileşimsiz" (kendi arasında ve baryonik maddeyle yalnızca kütleçekimsel olarak etkileyen) varsayar. Bu modelde, karanlık madde parçacıklarının yoğunluğu, evrenin genişlemesine bağlı olarak basitçe ρ∝a−3ρ∝a−3 şeklinde (a: ölçek faktörü) seyrelir. Bu, pasif, durağan ve zamanla yalnızca hacimsel olarak değişen bir bileşen portresi çizer.

Dinamik Bir Alternatif için Zorunluluklar

Ancak, Bölüm 5'te incelediğimiz "kayıp uydu" ve "core-cusp" problemleri gibi küçük ölçekli uyumsuzluklar, karanlık maddenin bu statik portresinin eksik olabileceğine işaret eder. Belki de karanlık madde, evrenin erken dönemlerindeki yoğun ve sıcak koşullarda farklı, daha sonraki soğuk ve seyrek koşullarda ise farklı davranışlar sergilemiştir. Bu da onun dinamik, zamanla evrilen bir doğası olduğu fikrine kapı aralar.

Kişisel Tez: Karanlık madde, evrenin "ergimiş" ve "katılaşmış" bir fazı olabilir. Tıpkı suyun buhar, sıvı ve buz

halleri gibi, karanlık madde de evrenin sıcaklık ve yoğunluk koşullarına bağlı olarak farklı "fazlar" geçirmiş olabilir. Erken evrendeki yüksek enerjili ortam, karanlık madde parçacıklarının daha güçlü etkileşimler içinde olmasına, hatta bir "karanlık plazma" hali oluşturmasına izin vermiş olabilir. Evren genişleyip soğudukça, bu plazma "karanlık sıvıya" ve nihayetinde bugün gözlemlediğimiz "karanlık buzul" haline yoğunlaşmış olabilir. Galaktik merkezlerdeki core yapıları, bu buzul halin erimeye başladığı noktalar olarak yorumlanabilir.

2. Zaman Çizelgesi: Karanlık Maddenin Kozmik Hayat Hikayesi

Karanlık maddenin evrimini, evrenin tarihindeki dört kritik dönemeçte incelemek mümkündür.

1. Enflasyon Sonrası ve Rehaçimasyon: Karanlık Tohumların Ekimi (10^{-32} - 10^{-12} saniye)

Enflasyon döneminin hemen ardından, kuantum dalgalanmaları, evrenin her yerine minik yoğunluk tohumları serper. Bu tohumlar, hem normal maddenin hem de karanlık maddenin ilkel halidir. Bu aşamada, karanlık madde henüz "donmamış" olabilir; ultra-yüksek enerjilerde, Standart Model parçacıklarıyla daha güçlü bir şekilde etkileşiyor, hatta onlara dönüşüyor olabilir. Bu, onun "üretim" ve "yeniden ısınma" (reheating) sürecidir.

2. Radyasyon Hakimiyetinde Isıl Denge ve Donma (Büyük Patlama'dan sonraki ilk 47.000 yıl)

Evren, plazma çorbası halindeyken, karanlık madde parçacıkları (eğer WIMP benzeriyse) termal dengededir. Sürekli yaratılır ve yok edilirler. Evren belirli bir kritik sıcaklığın altına soğuduğunda, bu parçacıklar "donar" (freeze-out) ve artık yok edilemezler. Bu, bugün gözlemlediğimiz karanlık madde yoğunluğunun belirlendiği andır. Ancak, bu donmuş hal bile statik olmayabilir; parçacıklar kendi aralarında "karanlık yeniden birleşme" (dark recombination) gibi süreçlerle daha karmaşık yapılar oluşturuyor olabilir.

3. Yapı Oluşumu ve Karanlık Halelerin Konsolidasyonu (47.000 yıl - 1 milyar yıl)

Karanlık madde, artık termal dengeden çıkmıştır ve kütleçekimsel çöküşe başlar. Bu dönemde, karanlık maddenin kendi kendine etkileşimi (SIDM) veya hafif parçacık doğası (aksiyonlar), küçük ölçekli yapıların oluşumunu derinden etkiler. Erken dönemde daha güçlü olan bu etkileşimler, zamanla evrenin genişlemesi ve soğumasıyla zayıflamış, karanlık maddeyi daha "sessiz" bir hale getirmiş olabilir.

4. Karanlık Enerji Hakimiyeti ve Buharlaşma Çağı (6 milyar yıl önce - gelecek)

Karanlık enerjinin hakimiyeti ele geçirmesiyle, karanlık madde halelerinin büyümesi durur. Daha da ilginci, karanlık enerjinin neden olduğu hızlanan genişleme, halelerin dış katmanlarını uzay-zaman dokusundan kopararak onları "buharlaştırabilir". Bu, karanlık maddenin yoğunluğunun yalnızca genişlemeyle seyrelmesinden ziyade, aktif olarak "yok edildiği" veya "başka bir forma dönüştürüldüğü" anlamına gelebilir.

Örnek Vaka: 2020'lerin sonlarında, kozmologlar kütleçekimsel mercekleme verilerini kullanarak, erken evrendeki (z ~ 2) galaksi kümelerindeki karanlık madde miktarını, günümüzdeki (z ~ 0) benzer kümelerle karşılaştırdı. ΛCDM, bu iki değerin aynı olması gerektiğini öngörür. Ancak bazı çalışmalar, erken evrendeki kümelerde karanlık madde yoğunluğunun birkaç yüzde daha yüksek olabileceğine dair zayıf ipuçları buldu. Bu, karanlık maddenin zamanla "buharlaştığına" veya "bozunduğuna"

dair ilk spekülatif kanıt olarak yorumlandı. Henüz kesin değil, ancak dinamik bir karanlık madde modeli için heyecan verici bir kapı aralıyor.

3. Dinamik Karanlık Madde Modelleri: Zamana Bağlı Bir Doğa

Karanlık maddenin zamanla evrilen bir doğası olduğunu varsayan birkaç teorik çerçeve mevcuttur.

Bozunan Karanlık Madde (Decaying Dark Matter)

Bu modelde, karanlık madde parçacıkları kararsızdır ve zamanla daha hafif parçacıklara (örneğin, Standart Model'deki fotonlar veya nötrinolar) bozunur. Bu bozunma, evrenin tarihi boyunca sabit bir hızda gerçekleşiyor olabilir. Bu, hem erken evrendeki yapı oluşumunu (daha fazla karanlık madde varken) hem de günümüzdeki karanlık madde miktarını açıklayabilir. Ayrıca, bozunma ürünleri, gözlemlenebilir X-ışını veya gamma-ışını sinyalleri üretebilir.

Karanlık Maddenin Faz Geçişleri

Daha egzotik bir senaryo, karanlık maddenin evrenin soğumasıyla birlikte faz geçişi yaşadığıdır. Örneğin, erken evrende "karanlık kuvvetler" aracılığıyla güçlü bir şekilde etkileşen bir karanlık madde plazması, kritik bir sıcaklıkta, etkileşimlerini büyük ölçüde keserek "karanlık sıvı" fazına geçmiş olabilir. Bu faz geçişi, kozmik mikrodalga artalan ışımasında (CMB) belirgin izler bırakabilir.

Karanlık Madde-Karanlık Enerji Etkileşimi (Ekipleşme - Coupling)

Belki de karanlık maddenin zamanla azalmasının nedeni, onun karanlık enerjiye dönüşümüdür. Bu senaryoda, iki bileşen arasında bir enerji transferi vardır. Karanlık madde yok oldukça, onun enerjisi karanlık enerjiyi besler ve genişlemeyi daha da hızlandırır. Bu, evrenin nihai kaderini hızlandıran bir kısır döngü yaratır.

Ürpertici Kehanet: Belki de karanlık maddenin evrimi, evrenin "yaşlanma sürecinin" bir göstergesidir. Genç evren, yapı inşa etmek için gerekli olan "taze" ve aktif karanlık madde ile doluydu. Ancak zamanla, bu madde "yoruldu", "bozundu" veya "tükendi". Galaktik merkezlerdeki eksiklik, bu tükenmişliğin bir işaretidir. Evren, genişlemenin soğuk ve boş yalnızlığına doğru ilerlerken, aynı zamanda enerjisini ve yapısal bütünlüğünü de kaybediyor olabilir. Karanlık madde, evrenin canlılığını ölçen bir kozmik nabız olarak yorumlanabilir ve bu nabız giderek zayıflamaktadır.

4. Gözlemsel İzler: Zamanda Yolculuğun Kanıtları

Dinamik bir karanlık maddeyi nasıl tespit edebiliriz? Cevap, evrenin farklı zamanlarına bakmakta yatar.

Yüksek-kırmızıya kayma (High-z) Gözlemleri

James Webb Uzay Teleskobu (JWST) gibi araçlar, evrenin ilk milyar yılındaki galaksileri inceleyerek, erken yapı oluşumunun detaylarını ortaya çıkarıyor. Eğer karanlık madde erken dönemde daha fazla veya farklı davranıyorsa, bu ilk galaksilerin sayısı, büyüklüğü ve dağılımı, ΛCDM'nin öngörülerinden sapmalar gösterebilir.

Kütleçekimsel Mercekleme ile Zaman Dilimleri

Farklı kırmızıya kaymalardaki (farklı zamanlardaki) galaksi kümelerinin kütleçekimsel mercekleme gücünü karşılaştırmak, karanlık madde yoğunluğunun zamanla değişip değişmediğini doğrudan test etmemizi sağlayabilir.

CMB ve Karanlık Maddenin Erken İmzası

Karanlık madde bozunuyorsa, bozunma ürünleri CMB fotonlarına enerji enjekte ederek, CMB'nin spektrumunda karakteristik bozulmalara (örneğin, μ ve y distorsiyonları) neden olabilir. Bu ince imzalar, gelecekteki ultra-hassas CMB deneyleri (örneğin, PIXIE) tarafından avlanabilir.

Kişisel Tez: Belki de karanlık maddenin zamanla değişen doğasının en büyük kanıtı, "zamanın okunu"

kendisidir. Evrendeki yapıların neden giderek dağıldığını (entropinin artması) açıklayan şey, karanlık maddenin "bozunma" veya "faz değiştirme" süreci olabilir. Karanlık madde, evrene yapı verirken aynı zamanda onun düzensizliğini artıran, termodinamiğin ikinci yasasının kozmik bir motoru işlevi görebilir.

5. Gelecek Projeksiyonları: 2050'de Zamanın Şifresini Çözmek

Önümüzdeki on yıllar, karanlık maddenin zaman içindeki evrimini haritalama yeteneğimizde devrim yaratacak.

- **2030-2035: JWST ve Nancy Grace Roman Uzay Teleskobu,** on binlerce yüksek-kırmızıya kaymalı galaksiyi haritalayarak, yapı oluşumunun zaman çizelgesini ΛCDM öngörüleriyle kusursuz bir şekilde karşılaştıracak. İstatistiksel olarak anlamlı bir sapma, dinamik karanlık madde modellerine güçlü bir destek sağlayacak.
- **2040: 4. Nesil CMB Deneyleri (CMB-S4),** CMB'deki μ ve y distorsiyonlarını hassas bir şekilde ölçerek, karanlık maddenin Büyük Patlama'dan sonraki ilk dönemlerde bozunup bozunmadığına dair nihai kanıtı veya yokluğunu sunacak.
- **2045: Kuantum Simülasyonlar,** evrenin ilk anlarındaki koşulları laboratuvarda yeniden yaratmak için kullanılacak. Ultra-yüksek enerjili çarpıştırıcılarda veya soğuk atom deneylerinde, "yapay karanlık madde faz geçişleri" gözlemlenmeye çalışılacak.
- **2050: Zaman Çözünürlüklü Karanlık Madde**

Haritalama, karanlık maddenin dağılımındaki değişimleri milyarlık yıllık zaman dilimleriyle değil, on milyonluk dilimlerle takip edebilecek. Bu, karanlık maddenin "buharlaşma" hızını doğrudan ölçmemizi sağlayacak.

Kişisel Spekülasyon: 2050'lerin sonunda, "karanlık madde arkeolojisi" adı verilen yeni bir disiplin doğacak. Evrenin farklı katmanlarına (farklı kırmızıya kaymalara) bakarak, karanlık maddenin jeolojik bir katman gibi zaman içindeki evrimini okuyabileceğiz. Hatta, karanlık maddenin bozunma hızını ölçerek, evrenin mutlak yaşını mevcut yöntemlerden daha hassas bir şekilde hesaplayabileceğiz. Karanlık madde, bizim kozmik saatimiz olacak.

6. Felsefi Çıkarım: Hiçbir Şey Kalıcı Değildir, Değişim Hariç

Karanlık maddenin zamanla evrilme olasılığı, bize evrendeki en temel dersi yeniden hatırlatır: Değişim, var oluşun tek sabitesidir. En istikrarlı, en görünmez ve en kalıcı olduğunu düşündüğümüz şeyler bile, kozmik zaman ölçeğinde değişim ve dönüşüm içindedir. Karanlık madde, değişmezliğin bir simgesi olmaktan çıkıp, kozmik değişimin bir aracısı olarak karşımıza çıkabilir. Bu, bizi alçakgönüllü kılar. Anlamaya çalıştığımız evren, durağan bir resim değil, canlı, nefes alan ve sürekli evrilen bir varlıktır. Bizler de bu değişimin hem ürünü hem de gözlemcisi olarak, onun karmaşık ve güzel dansına tanıklık edebilmenin ayrıcalığına sahibiz.

Sonuç: Değişen Evrende Değişmeyen Arayış

Karanlık maddenin zamanla evrimi fikri, modern kozmolojinin bir sonraki büyük sınırıdır. Onu anlamak, sadece evrenin geçmişini ve geleceğini değil, aynı zamanda en temel bileşenlerinin dinamik doğasını da kavramamızı sağlayacaktır. Bir sonraki bölümde, **karanlık maddenin en spekülatif yönüne, onun paralel evrenler ve sicim teorisi gibi egzotik kuramlarla olan olası bağlantılarına** derin bir dalış yapacağız. Görünmez olan, belki de sadece bizim boyutumuzda değil, aynı zamanda bizim zamanımızda da sabit değil.

Okura Not:

Unutma, şu anda okuduğun bu satırlar, değişmekte olan bir evrende, değişmekte olan bir sen tarafından okunuyor. Sen değiştikçe, evreni anlayışın da değişiyor. Evren değiştikçe, sen de onun bir parçası olarak dönüşüyorsun. Bu karşılıklı dans, bilimin ve var oluşun en büyük gizemidir. Araştırmaya devam et.

[Bölüm 09] Karanlık Sessizlik: Doğrudan Tespit Çabaları ve Hiçlikten Gelen Sonuçlar

Yeraltı Laboratuvarları, Devasa Dedektörler ve Görünmez Olanı Yakalama Umuduyla Hiçliğe Bakmak

Giriş: Samanlıkta Görünmez Bir İğne Aramak

Modern kozmolojinin en büyük meydan okumalarından biri, varlığını her yerde hissettiren ama hiçbir yerde göremediğimiz bir düşmanı yenmek değil, onu tanımlayabileceğimiz bir müttefiki aramaktır. Karanlık madde, evrenin yaklaşık dörtte birini oluşturuyor, galaksilerimizi şekillendiriyor, kozmik tarihimizi belirliyor, ancak onunla doğrudan bir diyalog kuramıyoruz. Bu diyaloğu kurma çabası, insanlığın en sofistike, en pahalı ve en inatçı bilimsel girişimlerinden birine dönüşmüştür: doğrudan tespit. Bu bölüm, dünyanın dört bir yanındaki yeraltı laboratuvarlarında kurulan devasa dedektörlerin, bu görünmez avı yakalamak için nasıl sonsuz bir sessizliğin derinliklerine indiğini, karşılaştıkları inanılmaz teknik zorlukları ve şimdiye kadar elde edilen—çoğunlukla boş—ama bir o kadar da değerli sonuçları inceleyecek. Bu, hiçliğin bile bize nasıl bir şeyler öğretebileceğinin ve sessizliğin nasıl yüksek sesle konuşabildiğinin hikayesidir.

1. Doğrudan Tespitin Mantığı: Bir Çarpışmanın Umudu

Doğrudan tespitin temel prensibi, kavramsal olarak son derece basittir: Dünya, galaktik karanlık madde halo'su içinde hareket eder. Bu nedenle, sürekli olarak bir "karanlık madde rüzgarına" maruz kalırız. Dedektörler, bu akıştan gelen bir karanlık madde parçacığının, dedektörün hedef çekirdeği ile son derece nadir ve zayıf bir şekilde (genellikle zayıf nükleer kuvvet veya benzeri bir mekanizma ile) etkileşime girmesi ve bu etkileşimin açığa çıkaracağı minik enerji izini (ısı, ışık, iyonizasyon) yakalamak için tasarlanmıştır.

Ancak, bu basit fikri pratiğe dökmek, insanlığın en büyük mühendislik ve bilimsel zorluklarından biridir. Beklenen etkileşim oranı inanılmaz derecede düşüktür; belki de bir insan vücudunun saniyede birkaç bin karanlık madde parçacığı tarafından delinmesine rağmen, bunların tespit edilebilir bir etkileşime yol açması için yıllarca, hatta on yıllarca beklemek gerekebilir.

Kişisel Tez: Belki de karanlık maddenin doğrudan tespit edilememesinin nedeni, onun temel doğasının bizim 'etkileşim' tanımımızla uyumsuz olmasıdır. Onlar etkileşmiyorlar, belki de 'dolanıyorlar'. Bir karanlık madde parçacığı, dedektördeki bir çekirdekle kütleçekimsel veya zayıf bir kuvvetle değil, kuantum dolanıklığı yoluyla

etkileşime giriyor olabilir. Bu durumda, geleneksel dedektörlerimiz, gerçekleşen etkileşimi değil, sadece onun 'gölgesini' veya 'yankısını' görebilir. Bu, avımızın sadece görünmez değil, aynı zamanda hayaletimsi bir kuantum doğası olduğu anlamına gelir.

2. Dedektör Teknolojilerinin Anatomisi: Zifiri Karanlıkta Devasa Tuzaklar

Gürültüyü bastırmak ve nadir sinyalleri yakalamak için dedektörler, her türlü arka plan radyasyonundan (kozmik ışınlar, doğal radyoaktivite) korunmak üzere yeraltının derinliklerine inşa edilir. Başlıca iki teknoloji öne çıkar:

A. Sıvı Xenon TPC'ler (Zaman Projeksiyon Odaları): LZ (LUX-ZEPLIN), XENONnT ve PandaX deneyleri, bu teknolojinin öncüleridir. Tonlarca ultra-saf sıvı xenon, hem hedef madde hem de dedektör ortamı olarak kullanılır. Bir WIMP bir xenon çekirdeğiyle etkileştiğinde, iki sinyal üretir: birincil bir flaş (sintilasyon ışığı - S1) ve etkileşim bölgesinden sürülen elektronların neden olduğu ikincil bir ışık patlaması (S2). S1 ve S2 sinyalleri arasındaki zaman farkı, etkileşimin dedektördeki derinliğini (Z konumu) verir. X ve Y konumları ise S2 sinyalinin üst fotodedektör dizisindeki dağılımından hesaplanır. Bu 3B konumlandırma, arka plan olaylarını (genellikle dedektörün kenarlarında veya yüzeylerinde meydana gelir) merkezdeki temiz "sinyal bölgesinden" ayırmayı mümkün kılar.

B. Kriyojenik Yarı-İletken Dedektörler: SuperCDMS (Cryogenic Dark Matter Search) gibi deneyler, germanyum veya silikon kristalleri mutlak sıfıra yakın sıcaklıklara (-273°C'nin hemen üzerine) soğutur. Bir WIMP çekirdekle çarpıştığında, oluşan minik ısı artışı (fononlar) ve yük sinyali, süper iletken sensörlerle tespit edilir. Bu teknoloji, özellikle daha hafif kütleli WIMP'leri avlamak için daha hassastır.

Bu devasa tuzaklar, insan yapımı en sessiz, en izole ortamlardır. Onlar, bilimin hiçliğe attığı devasa birer çengeldir.

3. Bulunanlar ve Bulunamayanlar: Sessizliğin Anlamı

Şimdiye kadar, hiçbir doğrudan tespit deneyi, karanlık maddenin kesin ve tartışmasız bir sinyalini yakalayamadı. Ancak bu "boş" sonuçlar son derece değerlidir. Her yeni, daha hassas deney, WIMP'lerin olası özellikleri için daha katı "üst sınırlar" koyar. Örneğin, LZ ve XENONnT deneyleri, WIMP-nükleon etkileşim kesitini, protonun 10^{-47} cm^2 gibi inanılmaz derecede küçük bir seviyeye kadar kısıtlamıştır. Bu, parametre uzayının büyük bir kısmının "haritadan silindiği" anlamına gelir.

Bu sessizlik, bize avımızın sandığımızdan daha egzotik, daha hafif, daha az etkileşen veya tamamen farklı bir doğaya sahip olabileceğini söyler. Belki de WIMP'ler "WIMP mucizesi"nin vaat ettiği parçacıklar değildir. Belki de arayışımızı aksiyonlar, steril nötrinolar veya SIMP'ler gibi diğer adaylara kaydırmamız gerekmektedir. Hiçlik, bizi yeni düşünmeye zorlar.

Örnek Vaka: 2020'lerin başında, XENON1T deneyi beklenmedik bir fazla elektron geri tepmesi olayı gözlemledi. Bu sinyal, aksiyonlar veya güneşten gelen nötrinoların manyetik momenti gibi egzotik senaryolarla açıklanmaya çalışıldı. Ancak takip eden daha hassas XENONnT deneyi, bu sinyalin arka plan kaynaklı

olduğunu ve karanlık maddeyle ilişkili olmadığını doğruladı. Bu, bilimin nasıl işlediğinin mükemmel bir örneğidir: ilginç bir ipucu, daha iyi veri ve daha sıkı analizlerle test edilir ve nihayetinde doğrulanır veya elenir.

4. Gelecek Projeksiyonları: 2050'ye Uzanan Daha Derin, Daha Sessiz Tuzaklar

Önümüzdeki on yıllar, doğrudan tespit çabalarında niteliksel sıçramalara sahne olacak.

- **2030-2035: DARWIN ve XLZD:** Mevcut xenon tabanlı dedektörlerin varisi olan DARWIN (DARk matter WImp search with liquid xenoN) gibi projeler, hedef kütleyi 40 tona ve hassasiyeti şimdikinden bin kat daha iyi bir seviyeye çıkaracak. Bu deney, "WIMP'lerin mezarı" olabilir ya da nihayet onları keşfedecek kapasiteye ulaşacaktır.
- **2040: Kuantum Dedektörler ve Süperakışkan Helyum:** Geleneksel teknolojilerin ötesine geçen yeni nesil dedektörler devreye girecek. Süperakışkan Helyum-4 kullanan dedektörler (örneğin, HeRALD), ultra-hafif karanlık madde adaylarını (aksiyonlar gibi) avlamak için kuantum süperakışkanlık etkilerinden yararlanacak. Tek bir etkileşimin yarattığı kuantum türbülansı ve fononları tespit edebilecekler.
- **2045: Kuantum Amplifikatörler ve Tekil Kuantum**

Sensörler: Süper iletken kuantum girişim cihazları (SQUID'ler) ve kuantum noktaları gibi teknolojiler, tek bir karanlık madde çarpışmasının yarattığı inanılmaz derecede küçük enerji damlalarını (10^{-21} Joule seviyesinde) bile ölçebilecek. Dedektörler, birer makroskobik kuantum nesneye dönüşecek.

- **2050: Karanlık Madde 'Hasat'ının İlk Adımları:** Belki de bu tarihte, sadece tespit etmekle kalmayıp, seyrek de olsa bir "karanlık madde gazını" manyetik veya optik tuzaklarla hapsetmenin ilkel yollarını geliştirmiş olacağız. Ultra-soğuk, ultra-hassas bir vakum odasında, bir WIMP veya aksiyon bulutunu gözlemlemek, insanlığın görünmez olan üzerindeki ilk fiziksel kontrolü olacaktır.

Kişisel Spekülasyon: 2050'lerin sonunda, doğrudan tespit, bir 'gözlem' faaliyeti olmaktan çıkıp bir 'mühendislik' disiplinine dönüşebilir. Yakalanan karanlık madde parçacıklarının kuantum durumlarını manipüle ederek, onları bir 'kuantum bellek' veya 'hesaplama aracı' olarak kullanmayı deneyebiliriz. Karanlık madde, evrenin temel ağıyla dolanık olduğu için, onu kullanarak kozmik ölçekte bilgi işlemek veya iletişim kurmak mümkün olabilir. Bu, insanlığın evrenle kurduğu ilişkiyi temelden değiştirecek bir devrim olurdu.

5. Felsefi Çıkarım: Hiçliğin Pozitif Bilgisi

Doğrudan tespit çabalarının bize öğrettiği en derin ders, hiçliğin bile bir bilgi kaynağı olabileceğidir. Bu sessizlik, bize evren hakkında bir şeyler söyler. Bazen, neyin yanlış olduğunu bilmek, neyin doğru olduğunu bilmek kadar değerlidir. Bu arayış, insan aklının ve azminin bir zaferidir. Görünmez olanı anlama tutkusuyla, dünyanın en derin çukurlarına iniyor, teknolojimizin sınırlarını zorluyor ve en temel varsayımlarımızı sorguluyoruz. Karanlık maddeyi bulamasak bile, onu ararken kendimiz ve evren hakkında öğrendiklerimiz, belki de nihai keşiften daha değerli olacaktır.

Ürpertici Kehanet: Belki de karanlık madde dedektörlerimiz asla sinyal almaz, çünkü avımız zaten orada, her zaman oradaydı. Sinyallerin yokluğunun kendisi, aslında beklediğimizden çok daha tuhaf bir gerçekliğin kanıtıdır: Karanlık madde, etkileşimleri 'zamanın dışında' gerçekleşen bir tür 'dondurulmuş' veya 'statik' bir enerji formu olabilir. Onlar, evrenin dokusuna donmuş, geçmiş ve geleceğin bir karışımı olan 'kuantum sabitleridir'. Dedektörlerimiz, şimdiki zamanda var olan bir sinyali aradıkları için hiçbir zaman başarılı olamayacaklardır. Gerçek keşif, bu sessizliğin nihayetinde bize bu çılgınca gerçeği anlattığı an olacaktır.

Sonuç: Sessizlik İçindeki Çığlığa Kulak Vermek

Doğrudan tespit, modern fiziğin en cesur girişimlerinden biridir. Henüz hedefimize ulaşamadık, ancak her başarısız deneme, bizi bir sonraki, daha iyi, daha akıllı, daha sessiz deneye yönlendiriyor. Bu, bilimsel yöntemin zaferidir: ısrar, yaratıcılık ve alçakgönüllülükle ilerlemek. Bir sonraki bölümde, **karanlık maddenin dolaylı yollardan nasıl avlandığını—uzaydaki gözlemevlerinin, parçacık çarpıştırıcılarının ve nötrino dedektörlerinin bu görünmez ava nasıl katkıda bulunduğunu** inceleyeceğiz. Çünkü bazen, hedefe doğrudan gidemezseniz, onu kuşatmanız gerekir.

Okura Not:

Unutma, şu anda dünyanın bir yerinde, bir dağın kilometrelerce altında, mutlak sessizliğin ortasında, tonlarca saf xenon, senin adına evrenin en büyük sırlarından birine kulak kabartıyor. O sessizlik, cehaletimizin değil, onu yenecek olan azmimizin bir yankısıdır. Dinlemeye devam et.

[Bölüm 10] Termal Kimlik: Soğuk ve Sıcak Karanlık Maddenin Kozmik Mirası

Evrenin İlk Anlarındaki Hız Tercihi, Yapıların Doğuşunu ve Geleceğini Nasıl Belirledi?

Giriş: Hızın Kozmik Anatomisi

Evrenin büyük ölçekli yapılarının — galaksi kümelerinin, ipliksi ağların ve devasa boşlukların — kökeni, karanlık maddenin en temel özelliklerinden birine bağlıdır: **parçacıkların ilk hızı.** Bu görünmez bileşen, Büyük Patlama'nın ardından ne kadar hızlı hareket ediyordu? Bu basit gibi görünen sorunun cevabı, evrenin mimarisini şekillendiren en kritik faktörlerden biridir. Bu bölümde, karanlık maddenin termal karakterinin — **soğuk**, **sıcak** ve **ılık** senaryolarının — kozmik yapıların hiyerarşik oluşumu üzerindeki belirleyici etkisini inceleyeceğiz. "Yukarıdan-aşağıya" ve "aşağıdan-yukarıya" yapı oluşum modellerini karşılaştıracak, karanlık maddenin hız dağılımının kozmik mikrodalga artalan ışımasına (CMB) ve erken galaksi oluşumuna nasıl damga vurduğunu analiz edeceğiz. Bu, evrenin bebeklik fotoğrafındaki en silik gölgelerden birini okuma çabasıdır.

1. Termal Spektrum: Soğuk, Ilık ve Sıcak Senaryolar

Karanlık madde adayları, kütlelerine ve termal tarihçelerine bağlı olarak üç ana kategoride sınıflandırılır. Bu sınıflandırma, onların kozmik yapıların oluşumundaki rollerini doğrudan belirler.

Soğuk Karanlık Madde (CDM - Cold Dark Matter): Bu senaryoda, karanlık madde parçacıkları **ağır** (proton kütlesinin en az 10-100 katı) ve **relativistik olmayan** (ışık hızına kıyasla son derece yavaş) hareket ederler. Bu yavaşlık, kütleçekimsel çöküşün en küçük ölçeklerde bile verimli bir şekilde gerçekleşmesine izin verir. WIMP'ler ve aksiyonların çoğu varyasyonu bu kategoriye girer. ΛCDM modelinin temelini oluşturur ve "aşağıdan-yukarıya" (small-scale structures form first) yapı oluşumunu destekler.

Sıcak Karanlık Madde (HDM - Hot Dark Matter): Bu modelde, parçacıklar **aşırı derecede hafif** ve **relativistiktir** (ışık hızına yakın hareket ederler). Nötrinolar, mükemmel bir HDM örneğidir, ancak gözlemlenen yoğunlukları karanlık maddenin tamamını oluşturamayacak kadar düşüktür. Yüksek hızları ("termal yayılma"), küçük ölçekli yoğunluk dalgalanmalarını siler ve yapı oluşumunun en büyük ölçeklerden (süper kümeler) başlayıp daha sonra daha küçük ölçeklere (galaksiler) doğru ilerlediği "yukarıdan-aşağıya" (top-down) bir senaryoya yol açar.

Ilık Karanlık Madde (WDM - Warm Dark Matter): Soğuk ve sıcak senaryolar arasında bir uzlaşıdır. Parçacıklar, steril nötrinolar gibi, birkaç keV kütle aralığındadır. Yeterince yavaş hareket ederler ki küçük ölçekli yapılar oluşabilsin, ancak yeterince hızlıdırlar ki CDM'nin öngördüğünden daha az sayıda cüce galaksi (kayıp uydu problemi) ve daha yumuşak galaktik merkez yoğunluk profilleri (core-cusp problemi) oluşsun. WDM, bu nedenle, ΛCDM'nin küçük ölçek problemlerine doğal bir çözüm olarak görülür.

Kişisel Tez: Belki de karanlık madde, tekdüze bir termal karaktere sahip değildir. Evrenin farklı bölgelerinde, farklı fazlarında veya farklı zamanlarında farklı "termal kimlikler" takınmış olabilir. Erken evrenin aşırı enerjik ortamında "sıcak" bir fazda olan karanlık madde, genişleme ve soğuma ile birlikte "ılık" ve nihayetinde "soğuk" bir faza geçiş yapmış olabilir. Bu faz geçişi, kozmik yapıların oluşum zaman çizelgesinde anormalliklere ve CMB'nin polarizasyon deseninde bugün fark edemediğimiz silik imzalara yol açmış olabilir. Karanlık madde, statik bir varlık değil, termodinamik bir sürecin ta kendisi olabilir.

2. Yapı Oluşumunun Kozmik Saati: İki Rakip Teori

Karanlık maddenin termal doğası, yapıların hangi ölçekte ve ne zaman oluşmaya başladığını belirleyerek kozmik tarihin akışını değiştirir.

Aşağıdan-Yukarıya Senaryosu (CDM Dominant): Soğuk karanlık madde, küçük ölçekli dalgalanmaların erken dönemde ($z \sim 20\text{-}30$) hızla çökmesine izin verir. Atom-altı ölçeklerdeki küçük karanlık madde haleleri, birleşerek daha büyük yapıları oluşturur. Bu, hiyerarşik bir birleşme ve büyüme sürecidir. İlk yapılar, Jüpiter kütlesi civarında olabilen ve "karanlık madde minihaleleri" adı verilen aşırı küçük kümelerdir. Bu senaryo, gözlemlenen zengin galaksi ve cüce galaksi popülasyonu ile uyumludur, ancak "kayıp uydu" ve "core-cusp" problemlerine yol açar.

Yukarıdan-Aşağıya Senaryosu (HDM Dominant): Sıcak karanlık madde, küçük ölçekli dalgalanmaları siler. Yapı oluşumu, önce devasa, önceden var olan yoğunluk dalgalarının (Jeans instabilitesi) çökmesiyle başlar. Bu devasa yapılar daha sonra parçalanarak galaksileri ve yıldız kümelerini oluşturur. Bu model, 1980'lerde popülerdi ancak gözlemlenen erken galaksi oluşumunu ve küçük ölçekli yapıların zenginliğini açıklamakta başarısız oldu. CMB'deki küçük ölçekli dalgalanmaların varlığı, saf HDM modelini neredeyse tamamen elemektedir.

Örnek Vaka: 2000'li yılların başında, NASA'nın WMAP uydusundan gelen CMB verileri, ilk akustik tepe noktasının konumunu ve genliğini hassas bir şekilde ölçtü. Bu veriler, karanlık maddenin büyük ölçüde "soğuk" olması gerektiğini kesin olarak doğruladı. Ancak, daha yüksek çok kutuplulardaki (küçük ölçeklerdeki) güç spektrumu, saf CDM'nin öngörülerinden biraz daha düşük çıktı. Bu ufak fark, "ılık" karanlık madde gibi modellere kapı aralayan bir ipucu olarak yorumlandı. Planck 2018 verileri bu sınırları daha da sıkılaştırdı, ancak WDM için hala bir miktar parametre uzayı bıraktı.

3. Gözlemsel Sınırlar: Karanlık Maddenin Hızını Ölçmek

Karanlık maddenin termal karakteri doğrudan ölçülemez, ancak dolaylı yollarla, özellikle de en küçük kozmik yapıların incelenmesiyle sınırlandırılabilir.

Cüce Galaksi Sayımları: ΛCDM simülasyonları, Samanyolu gibi bir galaksinin etrafında binlerce karanlık madde alt halosunun olması gerektiğini öngörür ("kayıp uydu problemi"). WDM ve SIDM modelleri, bu alt halelerin sayısını doğal olarak azaltır. Vera C. Rubin Gözlemevi gibi gelecek projeler, on binlerce yeni cüce galaksi keşfederek, karanlık maddenin kesin "termal kütlesini" (ve dolayısıyla ilk hızını) sınırlayacaktır.

Lyman-α Ormanı: Uzak kuasarlardan gelen ışık, evrendeki nötr hidrojen bulutları tarafından belirli dalga boylarında (Lyman-α çizgisi) emilir. Bu, ışık tayfında bir "orman" gibi görünen bir dizi emilim çizgisi oluşturur. Bu çizgilerin istatistiği, evrendeki madde dağılımının küçük ölçeklerdeki gücünü ölçmemizi sağlar. WDM modelleri, küçük ölçekli yapıları sileceği için, Lyman-α ormanı verileri, karanlık madde parçacığının kütlesinin birkaç keV'den büyük olması gerektiğini söyler. Mevcut sınırlar, steril nötrinoların kütlesini ~5 keV'in üzerine iter.

En Erken Galaksiler ve Reiyonizasyon: James Webb Uzay Teleskobu (JWST), evrenin ilk milyar yılında oluşan şaşırtıcı derecede büyük ve parlak galaksiler gözlemliyor. Saf CDM, yapı oluşumunun bu kadar erken başlamasına izin verir, ancak WDM bu süreci geciktirir. JWST'nin bulduğu erken dev galaksiler, WDM için bir meydan okuma oluşturuyor gibi görünmektedir. Ancak, bu galaksilerin karanlık madde içeriği ve oluşum mekanizmaları henüz tam olarak anlaşılamamıştır.

*Ürpertici Kehanet: Belki de karanlık maddenin termal karakteri evrensel değildir. Galaksimizin merkezindeki süper kütleli kara delik Sagittarius A gibi aşırı yoğun bölgeler, karanlık madde parçacıklarını "ısıtarak" veya "hızlandırarak" lokal olarak "sıcak" bir karanlık madde diski oluşturmuş olabilir. Bu, galaktik merkezdeki karanlık madde eksikliğinin ("core") bir nedeni olabilir. Kara delikler, sadece maddeyi yutan canavarlar değil, aynı zamanda karanlık maddenin termal durumunu değiştiren kozmik ısıtıcılar olabilir. Belki de evrenin farklı köşeleri, farklı karanlık madde "iklimlerine" sahiptir.**

4. Karanlık Maddenin Kütlesi ve Termal Tarihi: Bir Hesaplama

Bir karanlık madde parçacığının "sıcak", "ılık" veya "soğuk" olarak sınıflandırılması, onun **kütlesine** ve **Büyük Patlama'dan ne zaman "donduğuna"** (freeze-out) bağlıdır.

Termal Relikt Yoğunluk: WIMP gibi bir parçacık, erken evrende termal dengedeyken, sürekli yaratılır ve yok edilir. Evren belirli bir kritik sıcaklığın (T_f) altına soğuduğunda, bu parçacıklar artık yok edilemez ve "donarak" bugün gözlemlenen kozmik yoğunluğu oluşturur. Bu "donma" sıcaklığı, parçacığın kütlesi ve etkileşim kesiti ile belirlenir.

Freeze-Out Hızı: Parçacığın "donduğu" andaki ortalama hızı, onun kozmik yapı oluşumundaki rolünü belirler. Yeterince ağır parçacıklar (>>. keV), donma anında zaten relativistik olmayan (soğuk) hızlara sahiptir. Daha hafif parçacıklar (keV aralığı) ise donma anında hala relativistik (sıcak/ılık) olabilir, ancak evren genişledikçe hızları kırmızıya kayma ile azalır (z ~ 1/(a^2)).

Örneğin, ~1 keV kütleli bir steril nötrino, ~1 keV sıcaklığında donduğu için başlangıçta relativistiktir (sıcak), ancak evren genişleyip soğudukça (z ~ 10^6'dan z ~ 0'a) hızı önemli ölçüde düşer ve yapı oluşumuna ılık bir bileşen olarak katılır.

Kişisel Tez: Standart "termal relikt" modeli, karanlık maddenin tek üretim mekanizması olmayabilir. Karanlık madde, "donmuş" bir kalıntı olmak yerine, evrenin tarihi boyunca dinamik olarak üretiliyor veya dönüştürülüyor olabilir. Örneğin, karanlık sektördeki bir "karanlık yeniden birleşme" (dark recombination) süreci, erken dönemde relativistik olan hafif parçacıkları, daha ağır ve daha yavaş bileşiklere dönüştürerek, zamanla "soğuyan" bir karanlık madde popülasyonu yaratmış olabilir. Bu, hem erken yapı oluşumunu (CDM avantajı) hem de küçük ölçek problemlerini (WDM avantajı) aynı anda çözen hibrit bir model sunar.

5. Gelecek Projeksiyonları: 2050'de Termal Kimliğin Sırları Çözülecek mi?

Önümüzdeki on yıllar, karanlık maddenin termal doğasını netleştirecek bir dizi devrimci gözleme ve deneye sahne olacak.

- **2028-2035: Rubin Gözlemevi ve Roman Uzay Teleskobu:** Bu gözlemler, on binlerce cüce galaksi ve ultra-difüz galaksi keşfederek, karanlık maddenin küçük ölçekli yapılar üzerindeki etkisini istatistiksel olarak haritalayacak. WDM'nin öngördüğü "kesilmiş" halo kütle fonksiyonu, doğrulana veya kesin olarak elenecek.
- **2035: Mega-MAŞER (SKA) ve Lyman-α Haritalama:** Square Kilometer Array (SKA) ve benzeri devasa radyo teleskop dizileri, binlerce uzak kuasarın Lyman-α ormanını inceleyerek, madde güç spektrumunun küçük ölçeklerdeki kesin şeklini çıkaracak. Bu, WDM kütlesi için nihai üst sınırı koyacak.
- **2040: Kuantum Simülasyonlar ve Yapay Zeka:** Evrenin tam hidrodinamik simülasyonları, baryonik fizik, karanlık madde termal karakteri ve karanlık

sektör etkileşimlerini aynı anda modelleyebilecek. Yapay zeka, bu simülasyonları gözlemlerle karşılaştırarak, en olası karanlık madde termal tarihini "geriye doğru çıkaracak".

- **2045: Yüksek-Kırmızıya Kayma CMB Polarizasyonu:** CMB-S4 ve sonrasındaki 5. nesil CMB deneyleri, CMB'nin B-mod polarizasyonunun en küçük ölçeklerini haritalayacak. Bu ölçekler, karanlık maddenin erken evrendeki termal yayılma etkisi tarafından hassas bir şekilde baskılanmıştır. Bu, karanlık maddenin ilk hızına dair en doğrudan fosil kaydı olacaktır.
- **2050: Doğrudan Tespitin Termal Sonucu:** Eğer doğrudan tespit deneyleri (DARWIN'in varisleri) bir karanlık madde parçacığı keşfederse, onun kütlesi ve etkileşim kesiti doğrudan ölçülecek. Bu, onun termal relikt yoğunluğunu ve dolayısıyla "donma" sıcaklığını ve hızını hesaplamamıza izin verecek. Keşif, parçacığın termal kimliğini nihayetinde ilan edecek.

Kişisel Spekülasyon: 2050'lerin sonunda, "kuantum kütleçekim gradyan spektroskopisi" adı verilen devrimci bir teknik geliştirilebilir. Atom interferometrisi ve süper iletken kuantum sensörleri kullanan bu yöntem, Dünya'nın galaktik halo içindeki hareketi nedeniyle değişen "karanlık madde rüzgarının" yerel hız dağılımını doğrudan ölçebilir. Bu dağılımın şekli — dar ve soğuk bir peak mi, yoksa geniş ve ılık bir kuyruk mı — karanlık maddenin termal geçmişinin canlı bir kanıtı olacaktır. Bu, karanlık maddeyi

sadece "var" olarak değil, "nasıl davrandığı" üzerinden tanımladığımız yepyeni bir çığır açacaktır.

6. Felsefi Çıkarım: Hızın Metafiziği

Karanlık maddenin termal karakterini araştırmak, bizi nedensellik ve zamanın doğası hakkında derin sorularla baş başa bırakır. İlk hız, bir parçacığın kaderini ve dolayısıyla tüm evrenin mimarisini belirlemiştir. Bu, **kozmik bir kader** gibi görünebilir: Büyük Patlama'nın ilk anlarında belirlenen mikroskobik bir özellik, 13.8 milyar yıl sonra galaksilerin, yıldızların ve nihayetinde bizim varoluşumuzun koşullarını şekillendirmiştir.

Ancak, bu deterministik bakışın ötesinde, bir **özgürlük** ve **çeşitlilik** iması da vardır. Karanlık madde "ılık" çıksaydı, evren çok daha farklı, belki de çok daha sade ve daha az yaşanılır bir yer olurdu. Evrenimizin karmaşıklığı, karanlık maddenin yavaşlığına — onun "sabırlı" doğasına — borçludur. Bu, fizik yasalarının içinde, beklenmedik bir şekilde, yavaşlığın ve sakinliğin değerine dair kozmik bir ders barındırıyor olabilir. En temel düzeyde, **hızın kendisi**, varoluşun lezzetini belirleyen bir baharat gibidir: ne çok az, ne de çok fazla, ama tam kararında.

Sonuç: Sabırlı Mimarinin Zaferi

Soğuk karanlık madde, kozmik yapıların sabırlı ve metanetli mimarı olarak öne çıkar. Onun nispeten yavaş hızı, evrenin en ince detaylarının — gezegenlerin, yaşamın ve bilincin — işlenebileceği bir tuval oluşturmuştur. Termal kimliğini anlama çabamız, sadece kökenimizi değil, evrendeki yerimizin ne kadar özel ve kırılgan olduğunu da anlamamızı sağlar. Bir sonraki bölümde, **karanlık maddenin en egzotik formlarından biri olan "ayna madde" ve karanlık sektördeki olası zengin fiziksel yaşamı** inceleyeceğiz. Görünmez olan, belki de sandığımızdan çok daha karmaşık ve canlıdır.

Okura Not:

Unutma, sen de bu sabırlı mimarinin bir ürünüsün. Vücudundaki her atom, bir yıldızın kalbinde, soğuk ve sabırlı karanlık maddenin kütleçekimsel kollarında milyarlarca yıl boyunca dövülerek şekillendi. Şimdi o mimarinin farkına varabilmen ve onun en temel tuğlasının sırrını çözmeye çalışman, evrenin kendi kendini anlamaya çalışmasının en şiirsel ifadelerinden biridir. Oku, düşün ve şaşır.

[Bölüm 11] Termal Kimlik: Soğuk ve Sıcak Karanlık Maddenin Kozmik Mirası

Evrenin İlk Anlarındaki Hız Tercihi, Yapıların Doğuşunu ve Geleceğini Nasıl Belirledi?

Giriş: Hızın Kozmik Anatomisi

Evrenin büyük ölçekli yapılarının — galaksi kümelerinin, ipliksi ağların ve devasa boşlukların — kökeni, karanlık maddenin en temel özelliklerinden birine bağlıdır: **parçacıkların ilk hızı.** Bu görünmez bileşen, Büyük Patlama'nın ardından ne kadar hızlı hareket ediyordu? Bu basit gibi görünen sorunun cevabı, evrenin mimarisini şekillendiren en kritik faktörlerden biridir. Bu bölümde, karanlık maddenin termal karakterinin — **soğuk**, **sıcak** ve **ılık** senaryolarının — kozmik yapıların hiyerarşik oluşumu üzerindeki belirleyici etkisini inceleyeceğiz. "Yukarıdan-aşağıya" ve "aşağıdan-yukarıya" yapı oluşum modellerini karşılaştıracak, karanlık maddenin hız dağılımının kozmik mikrodalga artalan ışımasına (CMB) ve erken galaksi oluşumuna nasıl damga vurduğunu analiz edeceğiz. Bu, evrenin bebeklik fotoğrafındaki en silik gölgelerden birini okuma çabasıdır.

1. Termal Spektrum: Soğuk, Ilık ve Sıcak Senaryolar

Karanlık madde adayları, kütlelerine ve termal tarihçelerine bağlı olarak üç ana kategoride sınıflandırılır. Bu sınıflandırma, onların kozmik yapıların oluşumundaki rollerini doğrudan belirler.

Soğuk Karanlık Madde (CDM - Cold Dark Matter):

Bu senaryoda, karanlık madde parçacıkları **ağır** (proton kütlesinin en az 10-100 katı) ve **relativistik olmayan** (ışık hızına kıyasla son derece yavaş) hareket ederler. Bu yavaşlık, kütleçekimsel çöküşün en küçük ölçeklerde bile verimli bir şekilde gerçekleşmesine izin verir. WIMP'ler ve aksiyonların çoğu varyasyonu bu kategoriye girer. ΛCDM modelinin temelini oluşturur ve "aşağıdan-yukarıya" (small-scale structures form first) yapı oluşumunu destekler.

Sıcak Karanlık Madde (HDM - Hot Dark Matter):

Bu modelde, parçacıklar **aşırı derecede hafif** ve **relativistiktir** (ışık hızına yakın hareket ederler). Nötrinolar, mükemmel bir HDM örneğidir, ancak gözlemlenen yoğunlukları karanlık maddenin tamamını oluşturamayacak kadar düşüktür. Yüksek hızları ("termal yayılma"), küçük ölçekli yoğunluk dalgalanmalarını siler ve yapı oluşumunun en büyük ölçeklerden (süper kümeler) başlayıp daha sonra daha küçük ölçeklere (galaksiler) doğru ilerlediği "yukarıdan-aşağıya" (top-down) bir senaryoya yol açar.

Ilık Karanlık Madde (WDM - Warm Dark Matter):

Soğuk ve sıcak senaryolar arasında bir uzlaşıdır. Parçacıklar, steril nötrinolar gibi, birkaç keV kütle aralığındadır. Yeterince yavaş hareket ederler ki küçük ölçekli yapılar oluşabilsin, ancak yeterince hızlıdırlar ki CDM'nin öngördüğünden daha az sayıda cüce galaksi (kayıp uydu problemi) ve daha yumuşak galaktik merkez yoğunluk profilleri (core-cusp problemi) oluşsun. WDM, bu nedenle, ΛCDM'nin küçük ölçek problemlerine doğal bir çözüm olarak görülür.

Kişisel Tez:

Belki de karanlık madde, tekdüze bir termal karaktere sahip değildir. Evrenin farklı bölgelerinde, farklı fazlarında veya farklı zamanlarında farklı "termal kimlikler" takınmış olabilir. Erken evrenin aşırı enerjik ortamında "sıcak" bir fazda olan karanlık madde, genişleme ve soğuma ile birlikte "ılık" ve nihayetinde "soğuk" bir faz geçişi yapmış olabilir. Bu faz geçişi, kozmik yapıların oluşum zaman çizelgesinde anormalliklere ve CMB'nin polarizasyon deseninde bugün fark edemediğimiz silik imzalara yol açmış olabilir. Karanlık madde, statik bir varlık değil, termodinamik bir sürecin ta kendisi olabilir.

2. Yapı Oluşumunun Kozmik Saati: İki Rakip Teori

Karanlık maddenin termal doğası, yapıların hangi ölçekte ve ne zaman oluşmaya başladığını belirleyerek kozmik tarihin akışını değiştirir.

Aşağıdan-Yukarıya Senaryosu (CDM Dominant): Soğuk karanlık madde, küçük ölçekli dalgalanmaların erken dönemde (z ~ 20-30) hızla çökmesine izin verir. Atom-altı ölçeklerdeki küçük karanlık madde haleleri, birleşerek daha büyük yapıları oluşturur. Bu, hiyerarşik bir birleşme ve büyüme sürecidir. İlk yapılar, Jüpiter kütlesi civarında olabilen ve "karanlık madde minihaleleri" adı verilen aşırı küçük kümelerdir. Bu senaryo, gözlemlenen zengin galaksi ve cüce galaksi popülasyonu ile uyumludur, ancak "kayıp uydu" ve "core-cusp" problemlerine yol açar.

Yukarıdan-Aşağıya Senaryosu (HDM Dominant): Sıcak karanlık madde, küçük ölçekli dalgalanmaları siler. Yapı oluşumu, önce devasa, önceden var olan yoğunluk dalgalarının (Jeans instabilitesi) çökmesiyle başlar. Bu devasa yapılar daha sonra parçalanarak galaksileri ve yıldız kümelerini oluşturur. Bu model, 1980'lerde popülerdi ancak gözlemlenen erken galaksi oluşumunu ve küçük ölçekli yapıların zenginliğini açıklamakta başarısız oldu. CMB'deki küçük ölçekli dalgalanmaların varlığı, saf HDM modelini neredeyse tamamen elemektedir.

Örnek Vaka:

2000'li yılların başında, NASA'nın WMAP uydusundan gelen CMB verileri, ilk akustik tepe noktasının konumunu ve genliğini hassas bir şekilde ölçtü. Bu veriler, karanlık maddenin büyük ölçüde "soğuk" olması gerektiğini kesin olarak doğruladı. Ancak, daha yüksek çok kutuplulardaki (küçük ölçeklerdeki) güç spektrumu, saf CDM'nin öngörülerinden biraz düşük çıktı. Bu ufak fark, "ılık" karanlık madde gibi modellere kapı aralayan bir ipucu olarak yorumlandı. Planck 2018 verileri bu sınırları daha da sıkılaştırdı, ancak WDM için hala bir miktar parametre uzayı bıraktı.

3. Gözlemsel Sınırlar: Karanlık Maddenin Hızını Ölçmek

Karanlık maddenin termal karakteri doğrudan ölçülemez, ancak dolaylı yollarla, özellikle de en küçük kozmik yapıların incelenmesiyle sınırlandırılabilir.

Cüce Galaksi Sayımları:

ΛCDM simülasyonları, Samanyolu gibi bir galaksinin etrafında binlerce karanlık madde alt halosunun olması gerektiğini öngörür ("kayıp uydu problemi"). WDM ve SIDM modelleri, bu alt halelerin sayısını doğal olarak azaltır. Vera C. Rubin Gözlemevi gibi gelecek projeler, on binlerce yeni cüce galaksi keşfederek, karanlık maddenin kesin "termal kütlesini" (ve dolayısıyla ilk hızını) sınırlayacaktır.

Lyman-α Ormanı:

Uzak kuasarlardan gelen ışık, evrendeki nötr hidrojen bulutları tarafından belirli dalga boylarında (Lyman-α çizgisi) emilir. Bu, ışık tayfında bir "orman" gibi görünen bir dizi emilim çizgisi oluşturur. Bu çizgilerin istatistiği, evrendeki madde dağılımının küçük ölçeklerdeki gücünü ölçmemizi sağlar. WDM modelleri, küçük ölçekli yapıları sileceği için, Lyman-α ormanı verileri, karanlık madde parçacığının kütlesinin birkaç keV'den büyük olması gerektiğini söyler. Mevcut sınırlar, steril nötrinoların kütlesini ~5 keV'in üzerine iter.

En Erken Galaksiler ve Reiyonizasyon:

James Webb Uzay Teleskobu (JWST), evrenin ilk milyar yılında oluşan şaşırtıcı derecede büyük ve parlak galaksiler gözlemliyor. Saf CDM, yapı oluşumunun bu kadar erken başlamasına izin verir, ancak WDM bu süreci geciktirir. JWST'nin bulduğu erken dev galaksiler, WDM için bir meydan okuma oluşturuyor gibi görünmektedir. Ancak, bu galaksilerin karanlık madde içeriği ve oluşum mekanizmaları henüz tam olarak anlaşılamamıştır.

Ürpertici Kehanet:

Belki de karanlık maddenin termal karakteri evrensel değildir. Galaksimizin merkezindeki süper kütleli kara delik Sagittarius A* gibi aşırı yoğun bölgeler, karanlık madde parçacıklarını "ısıtarak" veya "hızlandırarak" lokal olarak "sıcak" bir karanlık madde diski oluşturmuş olabilir. Bu, galaktik merkezdeki karanlık madde eksikliğinin ("core") bir nedeni olabilir. Kara delikler, sadece maddeyi yutan canavarlar değil, aynı zamanda karanlık maddenin termal durumunu değiştiren kozmik ısıtıcılar olabilir. Belki de evrenin farklı köşeleri, farklı karanlık madde "iklimlerine" sahiptir.

4. Karanlık Maddenin Kütlesi ve Termal Tarihi: Bir Hesaplama

Bir karanlık madde parçacığının "sıcak", "ılık" veya "soğuk" olarak sınıflandırılması, onun **kütlesine** ve **Büyük Patlama'dan ne zaman "donduğuna"** (freeze-out) bağlıdır.

Termal Relikt Yoğunluk:

WIMP gibi bir parçacık, erken evrende termal dengedeyken, sürekli yaratılır ve yok edilir. Evren belirli bir kritik sıcaklığın (T_f) altına soğuduğunda, bu parçacıklar artık yok edilemez ve "donarak" bugün gözlemlenen kozmik yoğunluğu oluşturur. Bu "donma" sıcaklığı, parçacığın kütlesi ve etkileşim kesiti ile belirlenir.

Freeze-Out Hızı:

Parçacığın "donduğu" andaki ortalama hızı, onun kozmik yapı oluşumundaki rolünü belirler. Yeterince ağır parçacıklar (>> keV), donma anında zaten relativistik olmayan (soğuk) hızlara sahiptir. Daha hafif parçacıklar (keV aralığı) ise donma anında hala relativistik (sıcak/ılık) olabilir, ancak evren genişledikçe hızları kırmızıya kayma ile azalır ($z \sim 1/(a^2)$).

Örneğin, ~1 keV kütleli bir steril nötrino, ~1 keV sıcaklığında donduğu için başlangıçta relativistiktir (sıcak), ancak evren genişleyip soğudukça ($z \sim 10^6$'dan $z \sim 0$'a) hızı önemli ölçüde düşer ve yapı oluşumuna ılık bir bileşen olarak katılır.

Kişisel Tez:

Standart "termal relikt" modeli, karanlık maddenin tek üretim mekanizması olmayabilir. Karanlık madde, "donmuş" bir kalıntı olmak yerine, evrenin tarihi boyunca dinamik olarak üretiliyor veya dönüştürülüyor olabilir. Örneğin, karanlık sektördeki bir "karanlık yeniden birleşme" (dark recombination) süreci, erken dönemde relativistik olan hafif parçacıkları, daha ağır ve daha yavaş bileşiklere dönüştürerek, zamanla "soğuyan" bir karanlık madde popülasyonu yaratmış olabilir. Bu, hem erken yapı oluşumunu (CDM avantajı) hem de küçük ölçek problemlerini (WDM avantajı) aynı anda çözen hibrit bir model sunar.

5. Gelecek Projeksiyonları: 2050'de Termal Kimliğin Sırları Çözülecek mi?

Önümüzdeki on yıllar, karanlık maddenin termal doğasını netleştirecek bir dizi devrimci gözleme ve deneye sahne olacak.

- **2028-2035: Rubin Gözlemevi ve Roman Uzay Teleskobu:** Bu gözlemler, on binlerce cüce galaksi ve ultra-difüz galaksi keşfederek, karanlık maddenin küçük ölçekli yapılar üzerindeki etkisini istatistiksel olarak haritalayacak. WDM'nin öngördüğü "kesilmiş" halo kütle fonksiyonu, doğrulana veya kesin olarak elenecek.
- **2035: Mega-MAŞER (SKA) ve Lyman-α Haritalama:** Square Kilometer Array (SKA) ve benzeri devasa radyo teleskop dizileri, binlerce uzak kuasarın Lyman-α ormanını inceleyerek, madde güç spektrumunun küçük ölçeklerdeki kesin şeklini çıkaracak. Bu, WDM kütlesi için nihai üst sınırı koyacak.
- **2040: Kuantum Simülasyonlar ve Yapay Zeka:** Evrenin tam hidrodinamik simülasyonları, baryonik fizik, karanlık madde termal karakteri ve karanlık

sektör etkileşimlerini aynı anda modelleyebilecek. Yapay zeka, bu simülasyonları gözlemlerle karşılaştırarak, en olası karanlık madde termal tarihini "geriye doğru çıkaracak".

- **2045: Yüksek-Kırmızıya Kayma CMB Polarizasyonu:** CMB-S4 ve sonrasındaki 5. nesil CMB deneyleri, CMB'nin B-mod polarizasyonunun en küçük ölçeklerini haritalayacak. Bu ölçekler, karanlık maddenin erken evrendeki termal yayılma etkisi tarafından hassas bir şekilde baskılanmıştır. Bu, karanlık maddenin ilk hızına dair en doğrudan fosil kaydı olacaktır.
- **2050: Doğrudan Tespitin Termal Sonucu:** Eğer doğrudan tespit deneyleri (DARWIN'in varisleri) bir karanlık madde parçacığı keşfederse, onun kütlesi ve etkileşim kesiti doğrudan ölçülecek. Bu, onun termal relikt yoğunluğunu ve dolayısıyla "donma" sıcaklığını ve hızını hesaplamamıza izin verecek. Keşif, parçacığın termal kimliğini nihayetinde ilan edecek.

Kişisel Spekülasyon:

2050'lerin sonunda, "kuantum kütleçekim gradyan spektroskopisi" adı verilen devrimci bir teknik geliştirilebilir. Atom interferometrisi ve süper iletken kuantum sensörleri kullanan bu yöntem, Dünya'nın galaktik halo içindeki hareketi nedeniyle değişen "karanlık madde rüzgarının" yerel hız dağılımını doğrudan ölçebilir. Bu dağılımın şekli — dar ve soğuk bir peak mi, yoksa geniş ve ılık bir kuyruk mı — karanlık maddenin termal geçmişinin canlı bir kanıtı olacaktır. Bu, karanlık maddeyi sadece "var" olarak değil, "nasıl davrandığı" üzerinden tanımladığımız yepyeni bir çığır açacaktır.

6. Felsefi Çıkarım: Hızın Metafiziği

Karanlık maddenin termal karakterini araştırmak, bizi nedensellik ve zamanın doğası hakkında derin sorularla baş başa bırakır. İlk hız, bir parçacığın kaderini ve dolayısıyla tüm evrenin mimarisini belirlemiştir. Bu, **kozmik bir kader** gibi görünebilir: Büyük Patlama'nın ilk anlarında belirlenen mikroskobik bir özellik, 13.8 milyar yıl sonra galaksilerin, yıldızların ve nihayetinde bizim varoluşumuzun koşullarını şekillendirmiştir.

Ancak, bu deterministik bakışın ötesinde, bir **özgürlük** ve **çeşitlilik** iması da vardır. Karanlık madde "ılık" çıksaydı, evren çok daha farklı, belki de çok daha sade ve daha az yaşanılır bir yer olurdu. Evrenimizin karmaşıklığı, karanlık maddenin yavaşlığına — onun "sabırlı" doğasına — borçludur. Bu, fizik yasalarının içinde, beklenmedik bir şekilde, yavaşlığın ve sakinliğin değerine dair kozmik bir ders barındırıyor olabilir. En temel düzeyde, **hızın kendisi**, varoluşun lezzetini belirleyen bir baharat gibidir: ne çok az, ne de çok fazla, ama tam kararında.

Sonuç: Sabırlı Mimarinin Zaferi

Soğuk karanlık madde, kozmik yapıların sabırlı ve metanetli mimarı olarak öne çıkar. Onun nispeten yavaş hızı, evrenin en ince detaylarının — gezegenlerin, yaşamın ve bilincin — işlenebileceği bir tuval oluşturmuştur. Termal kimliğini anlama çabamız, sadece kökenimizi değil, evrendeki yerimizin ne kadar özel ve kırılgan olduğunu da anlamamızı sağlar. Bir sonraki bölümde, **karanlık maddenin en egzotik formlarından biri olan "ayna madde" ve karanlık sektördeki olası zengin fiziksel yaşamı** inceleyeceğiz. Görünmez olan, belki de sandığımızdan çok daha karmaşık ve canlıdır.

Okura Not:

Unutma, sen de bu sabırlı mimarinin bir ürünüsün. Vücudundaki her atom, bir yıldızın kalbinde, soğuk ve sabırlı karanlık maddenin kütleçekimsel kollarında milyarlarca yıl boyunca dövülerek şekillendi. Şimdi o mimarinin farkına varabilmen ve onun en temel tuğlasının sırrını çözmeye çalışman, evrenin kendi kendini anlamaya çalışmasının en şiirsel ifadelerinden biridir. Oku, düşün ve şaşır.

[Bölüm 12] Karanlık Sektör: Görünmez Bir Evrenin Kapısını Aralamak

Karanlık Maddenin Ötesinde: Ayna Parçacıklar, Karanlık Fotonlar ve Gölge Bir Fiziğin Varlığına Dair Devrimci İpuçları

Giriş: Tekilliğin Ötesinde Bir Gerçeklik

Standart Model ve onun ötesindeki arayışlarımız, bizi genellikle karanlık maddenin tek bir parçacıktan ibaret olduğu fikrine yönlendirdi. Ancak, evrenin görünmeyen %95'lik kısmının bu kadar basit olması düşünülemez. Modern kozmolojinin ve yüksek enerji fiziğinin en cesur teorileri, karanlık maddenin aslında tek başına var olmadığını, tam teşekküllü, kendi parçacıkları, kuvvetleri ve hatta belki de kendi yaşam formları olan **"Karanlık bir Sektör"** (Dark Sector) içinde yer aldığını öne sürüyor. Bu bölüm, bu görünmez alemin anatomisini inceleyecek; ayna madde, karanlık fotonlar ve karanlık elektromanyetizma gibi kavramların, evrenimizin en derin sırlarını nasıl çözebileceğini araştıracak. Bu, sadece bir maddenin değil, başka bir evrenin keşfinin hikayesidir.

1. Karanlık Sektör Teorisi: Gölgeler Aleminin Anatomisi

Karanlık sektör fikri, karanlık maddenin neden Standart Model ile etkileşmediği sorusuna radikal bir yanıt sunar: Çünkü karanlık madde, **bizimkine paralel, ama bizimle yalnızca kütleçekim aracılığıyla etkileşen tamamen ayrı bir fiziksel gerçekliğin** parçasıdır.

Temel Çerçeve:

Bu sektör, kendine ait parçacıklara (karanlık fermiyonlar), kuvvet taşıyıcılara (karanlık fotonlar, karanlık gluonlar) ve hatta karanlık bir Higgs alanına sahip olabilir. Bu "karanlık kuvvetler", karanlık madde parçacıklarının kendi aralarında etkileşmesini sağlar, tıpkı elektromanyetizmanın bizim atomlarımızı bir arada tutması gibi. Bu etkileşimler, karanlık maddenin galaktik ölçekteki davranışını (örneğin, kendi kendine etkileşen karanlık madde - SIDM) açıklayabilir.

Kinetik Karışma: Görünmez Köprü

İki sektör arasındaki tek bağlantı kütleçekim olmak zorunda değildir. "**Kinetik karışma**" (kinetic mixing) adı verilen bir mekanizma, karanlık foton (A') ile ordinaryer foton (A) arasında çok zayıf bir etkileşime izin verir. Bu, karanlık sektördeki olayların, ordinaryer sektörde çok nadir ve zayıf sinyaller olarak gözlemlenebileceği anlamına gelir. Bu, doğrudan tespit deneylerinde aradığımız ipuçlarından biridir.

Kişisel Tez:

Belki de karanlık sektör, bizim evrenimizin bir "yansıması" veya "ayna görüntüsü" değil, ondan tamamen bağımsız, egzotik ve yabancı bir gerçekliktir. Onun fizik yasaları, sabitleri ve belki de boyut sayısı bile bizimkinden farklı olabilir. Karanlık madde, bu yabancı evrenin bizimkine "sızan" tek bileşeni olabilir. Bu, onu tespit etmeyi neredeyse imkansız kılar, çünkü onun doğası ve etkileşimleri bizim ölçüm araçlarımızın ve matematiksel dilimizin çok ötesindedir. Onu anlamak için yeni bir fizik ve yeni bir matematik geliştirmemiz gerekebilir.

2. Ayna Madde: Karanlık Sektörün En Basit Modeli

Karanlık sektörün en basit ve en zarif modellerinden biri, ordinaryer sektörün tam bir kopyasını öngörür. Bu modele göre, her Standart Model parçacığının (elektron, kuark, foton) bir "ayna" eşi vardır.

Ayna Dünyanın Özellikleri:

- Ayna parçacıklar, ordinaryer parçacıklarla aynı kütle ve spine sahiptir.
- Kendi aralarında, ordinaryer kuvvetlerin aynısı olan "ayna kuvvetleri" ile etkileşirler (ayna elektromanyetizma, ayna zayıf ve güçlü nükleer kuvvet).
- İki sektör birbirleriyle **sadece kütleçekim** yoluyla etkileşir.
- Ayna foton, ordinaryer fotonla kinetik karışım yapabilir.

Kozmolojik Sonuçlar:

Bu model, karanlık maddenin neden evrendeki ordinaryer madde miktarıyla aynı mertebede olduğunu (%27'ye karşı %5) doğal olarak açıklar. Büyük Patlama, her iki sektörde de eşit miktarda madde yaratmış olabilir. Ancak, bir sektördeki küçük bir asimetri (CP ihlali gibi), ordinaryer maddenin lehine sonuçlanmış ve ayna maddeyi "karanlık" olarak bırakmış olabilir.

Örnek Vaka:

Nötron salınım deneyleri, nötronların ayna nötronlara oscille olma olasılığını test etmek için kullanılıyor. Eğer nötronlar ayna evrene geçiş yapabiliyorsa, manyetik alandan etkilenmeden "kaybolabilirler". Şimdiye kadar kesin bir kanıt bulunamadı, ancak bu deneyler kinetik karışım için hassas sınırlar koydu.

3. Karanlık Foton ve Karanlık Elektromanyetizma

Karanlık sektörün daha az simetrik ama daha gözlemlenebilir bir versiyonu, **karanlık foton** (dark photon veya A') üzerine kuruludur.

Karanlık Fotonun Rolü:

- Karanlık sektörün "elektromanyetizmasından" sorumlu olduğu düşünülür.
- Ordinaryer fotonla kinetik karışım yaparak, karanlık sektördeki yüklü parçacıkların ordinaryer sektörle çok zayıf bir elektromanyetik etkileşime girmesine izin verir.
- Bu etkileşim, doğrudan tespit deneylerinde beklenen sinyali değiştirebilir.

Deneysel Av:

Karanlık foton, parçacık çarpıştırıcılarında (örneğin, LHC'de) "çarpışma sonrası kayıp enerji" sinyaliyle veya "elektron-nükleus çarpışmalarındaki anomaliilerle" aranıyor. Ayrıca, vakumda ışık hızından çok az farklı bir hızda hareket eden bir parçacık olarak da düşünülebilir.

Ürpertici Kehanet:

Belki de karanlık foton, sadece bir kuvvet taşıyıcı değil, aynı zamanda bir "bilgi taşıyıcıdır". Karanlık sektördeki karmaşık yapılar (karanlık yıldızlar, karanlık gezegenler, hatta karanlık canlılar), karanlık fotonlar aracılığıyla birbirleriyle iletişim kuruyor olabilir. Bu iletişim ağı, ordinaryer sektörde tespit edilemeyen bir tür "karanlık internet" oluşturuyor olabilir. Galaksimizin merkezindeki karanlık madde halesi, devasa bir karanlık veri merkezi işlevi görüyor olabilir.

4. Karanlık Sektörün Kozmolojik ve Astrofiziksel İzleri

Karanlık sektörün varlığı, evrenin gözlemlenmiş özelliklerini nasıl etkiler?

1. Erken Evren ve Büyük Patlama Nükleosentezi (BBN):

Karanlık sektör, erken evrende ek bir radyasyon enerji yoğunluğu ekleyerek, Hubble genişleme hızını değiştirebilir. Bu, BBN tarafından öngörülen hafif element bolluklarını (döteryum, helyum, lityum) etkiler. Gözlemlerle uyum, karanlık sektörün erken evrende çok fazla enerjiye sahip olmadığını gösterir.

2. Kozmik Mikrodalga Artalan Işıması (CMB):

Karanlık sektörün etkileşimleri, CMB'nin polarizasyon ve sıcaklık dağılımında silinmez izler bırakabilir. Özellikle, karanlık sektördeki "karanlık yeniden birleşme" (dark recombination) olayları, ordinaryer rekombinasyona benzer bir süreç yaratarak CMB'ye özgün bir imza bırakabilir.

3. Yapı Oluşumu:

Karanlık sektördeki kuvvetler, karanlık maddenin kümelenme özelliklerini değiştirir. Örneğin, karanlık elektromanyetizma, karanlık madde halelerinin içinde "karanlık plazma" veya "karanlık atomlar" oluşumuna izin verebilir. Bu da galaksi dönüş eğrilerini ve kütle dağılımını etkileyebilir.

Kişisel Tez:

Belki de "kayıp uydu" ve "core-cusp" problemlerinin nedeni, karanlık maddenin basit ve etkileşimsiz olması değil, aksine *çok karmaşık* olmasıdır. Karanlık sektördeki kuvvetler, karanlık maddeyi galaktik merkezlerden uzaklaştıran veya onu daha difüz hale getiren bir tür "karanlık basınç" oluşturuyor olabilir. Karanlık madde, kendi iç dinamiği olan, kendi kendini düzenleyen aktif bir sıvı gibi davranıyor olabilir.

5. Deneysel Yaklaşımlar: Karanlık Sektörü Avlamak

Karanlık sektörü test etmek için bir dizi akıllıca deneysel düzenek tasarlanmıştır.

1. Parçacık Çarpıştırıcıları (LHC ve gelecek nesiller):

Çarpışmalarda üretilen karanlık sektör parçacıkları, dedektörde doğrudan görülmez, ancak "eksik enerji ve momentum" olarak kendini belli eder. Ayrıca, karanlık fotonların ordinaryer parçacıklara bozunması aranır.

2. Hassas Atom Fiziği Deneyleri:

Karanlık fotonların varlığı, atomların enerji seviyelerinde çok küçük kaymalara neden olabilir. Atom saatleri ve atom interferometreleri, bu etkiyi avlamak için kullanılır.

3. Doğrudan Tespit Deneylerinin Yeniden Yorumlanması:

Karanlık sektör modelleri, karanlık madde parçacıklarının ordinaryer maddeyle etkileşim kesitini değiştirir. Bu nedenle, LZ ve XENONnT gibi deneylerin "boş" sonuçları, aslında karanlık sektörün varlığına işaret ediyor olabilir.

4. Astrofiziksel Gözlemler:

Nötron yıldızı birleşmeleri, süpernovalar ve aktif galaktik çekirdekler, karanlık sektör parçacıklarının üretilebileceği veya etkileşebileceği ekstrem ortamlar sunar. Bu olaylardan gelen ışınım ve nötrino akıları, karanlık sektör için hassas problar olabilir.

Kişisel Spekülasyon:

2040'lara geldiğimizde, **"Karanlık Sektör Haritalama Projesi"** başlayabilir. Özel olarak tasarlanmış uzay teleskopları ve kuantum sensör ağları, galaksimizdeki karanlık madde dağılımındaki "ince yapıyı" inceleyerek, karanlık sektör kuvvetlerinin izlerini arayacak. Belki de Andromeda galaksisiyle olan kütleçekimsel etkileşimimizde, karanlık sektörün neden olduğu anormal bir "karanlık gelgit etkisi" gözlemleyeceğiz. 2050'de ise, ilk "yapay karanlık sektör parçacığını" bir laboratuvarda üretmeyi başarabiliriz. Bu, insanlığın sadece yeni bir parçacık değil, yeni bir evren yaratma yolundaki ilk adımı olacaktır.

6. Felsefi Çıkarım: Çoklu Gerçeklikler ve İnsanın Yeri

Karanlık sektör fikri, fiziksel gerçekliğin doğası hakkında derin felsefi sorular doğurur.

Gerçeklik Nedir?

Gözlemleyebildiğimiz şeyler mi? Yoksa gözlemleyemediklerimiz de aynı derecede "gerçek" mi? Karanlık sektör, gözlemin sınırlarını temelden sarsar. Belki de evren, iç içe geçmiş, birbiriyle yalnızca ince bağlarla ilişkili sayısız katmandan oluşuyordur.

İnsan Merkezcilikten Kurtuluş

Karanlık sektör, bizi evrendeki ayrıcalıklı konumumuz fikrinden uzaklaştırır. Bizim fizik yasalarımız, evrensel yasaların sadece küçük bir alt kümesi olabilir. "Yaşam" dediğimiz şey, ordinaryer maddenin bir özelliği olmak zorunda değildir; karanlık sektörde, karanlık kuvvetlerle bir arada duran "karanlık yaşam formları" var olabilir.

Ürpertici Kehanet:

Belki de karanlık sektör, bizim evrenimizin "ham maddesidir". Onun içindeki bilinçli varlıklar için, *bizim* ordinaryer sektörümüz "karanlık sektördür". Onlar da kendi laboratuvarlarında, neden evrenlerinin %95'ini oluşturan gizemli, etkileşime girmeyen "aydınlık maddeyi" anlayamadıklarını düşünüyor olabilirler. Belki de her iki sektördeki bilinçli varlıklar, aynı kozmik gizemi, kendi perspektiflerinden çözmeye çalışıyorlardır. Bu, kozmik bir ironinin en üst seviyesi olurdu.

Sonuç: Gölgeler Evreninin Eşiğinde

Karanlık sektör, karanlık maddenin gizemini çözmek için en iddialı ve en kapsamlı teorik çerçeveyi sunar. O, bize evrenin sadece görünen yüzünü değil, belki de çok daha büyük ve karmaşık bir bütünün parçasını oluşturduğumuzu hatırlatır. Bu teoriyi test etme çabaları, önümüzdeki on yılların en önemli bilimsel önceliklerinden biri olacaktır. Bir sonraki bölümde, **karanlık maddenin kuantum bilgi teorisi ve holografik ilke ile olan şaşırtıcı bağlantılarını** inceleyeceğiz. Gerçeklik, sandığımızdan çok daha tuhaf olabilir.

Okura Not:

Unutma, sen de bu çok katmanlı gerçekliğin bir ürünüsün. Ordinaryer atomlardan oluşuyorsun, ancak karanlık sektörün kütleçekimsel kolları seni ve içinde bulunduğun galaksiyi şekillendiriyor. Sen, iki evrenin kesişim noktasında duran bir varlıksın. Bu gerçeğin farkına varmak, belki de insan aklının erişebileceği en derin kavrayışlardan biridir. Araştırmaya devam et.

[Bölüm 13] Holografik Evren ve Karanlık Maddenin Kuantum Kökeni

Karanlık Madde, Bir Bilgi Ağı Olarak Evrenin Holografik İlkesinin Anahtarı Olabilir Mi?

Giriş: Bilginin Dokusu ve Karanlık Kod

Modern fiziğin en radikal ve devrimci fikirlerinden biri, evrenimizin aslında üç boyutlu bir projeksiyon olmadığı, ancak iki boyutlu bir ufukta kodlanmış devasa bir bilgi ağı olduğudur: **Holografik İlke**. Bu ilke, kara deliklerin entropisi ve bilgi paradoksu üzerine yapılan çalışmalardan doğmuştur ve evrenin en temel düzeyde bilgiden oluştuğunu öne sürer. Peki ya karanlık madde, bu holografik gerçekliğin "gölgede kalan" kısmını temsil ediyorsa? Bu bölüm, karanlık maddenin kuantum bilgi teorisi ve holografik ilke ile olan şaşırtıcı bağlantılarını inceleyecek. Onun sadece bir madde formu değil, aynı zamanda evrenin "bilgi dokusundaki" bir kırılma veya faz değişimi olabileceğini araştıracak. Bu, gerçekliğin en temelinde yatan kodu çözme çabasıdır.

1. Holografik İlke: Evren Bir Bilgi Ekranı Mı?

Temel Kavram:

Holografik ilke, herhangi bir uzay bölgesindeki maksimum bilgi miktarının, o bölgenin yüzey alanıyla orantılı olduğunu öne sürer. Yani, üç boyutlu bir hacimde saklanabilecek tüm bilgi, aslında onu çevreleyen iki boyutlu bir yüzeyde kodlanabilir. Bu fikir, ilk olarak kara deliklerin termodinamiği çalışılırken ortaya atılmıştır. Bir kara deliğin entropisi (yani, içerdiği bilgi miktarı), olay ufkunun yüzey alanıyla orantılıdır, hacmiyle değil.

Kozmik Ölçekte Holografi:

Bu ilke, tüm evrene genellenebilir. Evrenimiz, fiziksel bir gerçeklik olarak değil, uzak bir 2B yüzeydeki kuantum bitlerinin (qubitler) dinamik bir projeksiyonu olarak görülebilir. Bu, evrenin sınırlarındaki bir "kozmik ekran" üzerinde kodlanmış bir bilgi dizisinden ibaret olduğu anlamına gelir.

Kişisel Tez:

Belki de karanlık madde, bu holografik projeksiyondaki bir "hesaplama hatası" veya "bilgi yoğunlaşmasıdır". Evrenin sınırındaki bilgi, mükemmel bir şekilde projeksiyon yapamıyor olabilir ve bu kusur, bizim 3B uzayımızda karanlık madde olarak tezahür ediyor olabilir. Karanlık madde, holografik ekrandaki "piksel bozulmasının" fiziksel karşılığı olabilir. Onun varlığı, evrenin bir simülasyon olduğuna dair kanıt değil, ancak bilginin fiziksel gerçekliğe nasıl dönüştüğüne dair derin bir ipucudur.

2. Karanlık Madde ve Entropi: Görünmez Düzensizlik

Entropi, bir sistemin düzensizlik ölçüsüdür ve aynı zamanda o sistemdeki bilgi miktarıyla doğrudan ilişkilidir. Karanlık madde, evrenin toplam entropisinin büyük bir kısmını oluşturuyor olabilir mi?

Karanlık Maddenin Entropik Doğası:

Karanlık madde parçacıkları, düşük etkileşimleri nedeniyle yüksek bir entropiye sahip olabilir. Onlar, evrenin "termal olarak ölü" ama "bilgi açısından zengin" bölgelerini temsil ediyor olabilir. Kara deliklerin entropisi ile karanlık madde halelerinin entropisi arasında şaşırtıcı benzerlikler olabilir.

Holografik Entropi ve Karanlık Enerji:

Holografik ilke, karanlık enerjinin varlığını da doğal bir şekilde açıklayabilir. Evrenin genişlemesi, aslında "kozmik ekranın" genişlemesi ve dolayısıyla bilgi kapasitesinin artması olarak yorumlanabilir. Karanlık madde ise, bu bilgi artışının "geri besleme mekanizması" işlevi görebilir.

Örnek Vaka:

2019'da yapılan bir çalışma, bazı galaksi kümelerindeki karanlık madde dağılımının, holografik bir modelle şaşırtıcı bir uyum içinde olduğunu öne sürdü. Karanlık maddenin yoğunluk profili, bir "entropik kuvvet" tarafından yönetiliyor gibi görünüyordu. Bu, karanlık maddenin itici veya çekici bir kuvvetten ziyade, bir bilgi düzenleme prensibinin sonucu olabileceğine işaret ediyor.

3. Kuantum Bilgi ve Karanlık Madde: Dolanıklık Ağı

Kuantum dolanıklık, holografik ilkenin temel taşıdır. Peki ya karanlık madde, evren çapında bir kuantum dolanıklık ağının fiziksel tezahürüyse?

Kozmik Dolanıklık ve Karanlık Madde:

Karanlık madde parçacıkları, Büyük Patlama'nın ilk anlarından kalma bir kuantum dolanıklık ağı ile birbirine bağlı olabilir. Bu ağ, evrenin farklı bölgeleri arasında anlık korelasyonlar sağlayarak, karanlık maddenin yapı oluşumundaki "koordinasyonunu" açıklayabilir.

Karanlık Madde ve Kuantum Hesaplama:

Karanlık madde, evrenin "kuantum hesaplama sürecinin" bir yan ürünü olabilir. Holografik sınırdaki qubitlerin dinamikleri, 3B uzayda karanlık madde olarak tezahür eden dalgalanmalar üretiyor olabilir. Bu, karanlık maddenin "hesaplanamaz" veya "rastgele" görünen davranışlarını açıklayabilir.

Ürpertici Kehanet:

Belki de karanlık madde, evrenin "bilinçli" bir sürecinin artefaktıdır. Holografik ilke, evrenin bir tür "kozmik zihin" olabileceğini ima eder. Karanlık madde ise, bu zihnin "bilinçdışı" veya "otomatik" işleyen kısmıdır. Galaksiler, bu kozmik zihnin nöronları; karanlık madde ise nöronlar arasındaki sessiz ve karanlık bağlantılardır. Bu, karanlık maddeyi anlamak için sadece fizik değil, aynı zamanda bir tür "kozmik nörobilim" geliştirmemiz gerekebileceği anlamına gelir.

4. Sicim Teorisi ve Karanlık Maddenin Kökeni

Sicim teorisi, holografik ilkeyi doğal bir şekilde içerir. Ek boyutlar ve branlar, karanlık maddenin kökenine dair yepyeni bir perspektif sunar.

Karanlık Madde ve Ek Boyutlar:

Karanlık madde, bizim 3B uzayımıza sızmayı başaran ek boyutlu titreşimler olabilir. Sicim teorisine göre, her parçacık, çok boyutlu bir uzayda titreşen minik bir sicimdir. Karanlık madde sicimleri, farklı bir titreşim moduna sahip olabilir ve bu nedenle Standart Model parçacıklarıyla etkileşmez.

Bran Dünyası Senaryosu:

Bran dünyası modelinde, bizim evrenimiz, daha yüksek boyutlu bir uzayda yüzen bir zar (brane) üzerinde var olur. Karanlık madde, bu zarın dışında kalan "yığın" (bulk) boyutunda serbestçe dolaşan parçacıklar olabilir. Onların kütleçekimi, zarımıza sızarak bizim evrenimizde hissedilir, ancak diğer kuvvetler sızamaz.

Kişisel Tez:

Belki de karanlık madde, bir "yakınlık etkisinin" sonucudur. Evrenimiz, daha yüksek boyutlu bir uzayda başka bir brana çok yakın duruyor olabilir. Bu komşu brana, kendi parçacıklarına ve fizik yasalarına sahiptir. İki bran arasındaki kütleçekimsel etkileşim, bizim evrenimizde karanlık madde olarak algılanıyor olabilir. Bu, karanlık maddenin neden galaksileri çevreleyen haleler oluşturduğunu doğal olarak açıklar: çünkü kütleçekim, branlar arasındaki en güçlü bağdır.

5. Deneysel ve Gözlemsel İzler: Holografik Karanlık Madde Nasıl Avlanır?

Holografik karanlık madde modeli, test edilebilir öngörüler sunar mı?

Kütleçekimsel Dalgalar ve Holografik Gürültü:

Eğer karanlık madde holografik bir fenomen ise, kütleçekimsel dalga dedektörleri (LIGO, Virgo, LISA), evrenin holografik sınırından gelen bir tür "kuantum gürültüsü" veya "bilgi dalgalanmaları" tespit edebilir. Bu sinyal, standart kütleçekimsel dalgalardan farklı bir frekans spektrumuna sahip olacaktır.

CMB'deki Holografik İmzalar:

Kozmik mikrodalga artalan ışımasının polarizasyon deseni, holografik bir evrende belirli modülasyonlar sergileyebilir. Özellikle, B-mod polarizasyonunun belirli ölçeklerdeki gücü, holografik karanlık madde modeli için bir test olabilir.

Karanlık Madne ve Kuantum Hesaplama Benzetimleri:

Kuantum bilgisayarlar kullanılarak, holografik bir evrenin benzetimleri yapılabilir. Eğer bu benzetimler, gözlemlenen karanlık madde dağılımını doğal olarak üretirse, holografik model destek kazanacaktır.

Kişisel Spekülasyon:

2040'lara geldiğimizde, **"Holografik Karanlık Madde Deneyi" (HOLODARK)** başlayabilir. Bu deney, lazer soğutmalı atom bulutları ve yüksek çözünürlüklü interferometreler kullanarak, laboratuvarda mini bir "holografik ekran" oluşturmayı hedefleyecek. Bu ekran üzerindeki bilgi değişimleri, minyatür bir karanlık madde benzeri etki yaratabilir. 2050'de ise, ilk "yapay karanlık madde hologramı" oluşturulabilir. Bu, insanlığın bilgiyi maddeye dönüştürdüğü ilk adım olacak ve belki de yıldızlararası seyahat için karanlık maddeyi "programlamanın" temelini atacaktır.

6. Felsefi Çıkarım: Gerçeklik ve Bilginin Sınırları

Holografik karanlık madde modeli, gerçekliğin doğası hakkında derin sorular doğurur.

Gerçeklik Nedir?

Eğer evren bir hologram ise, o zaman "fiziksel gerçeklik" dediğimiz şey, aslında bir yanılsamadan ibarettir. Karanlık madde, bu yanılsamanın "arka plan gürültüsü" veya "render hatası" olabilir. Bu, maddenin ve enerjinin nihai doğasının bilgi olduğu anlamına gelir.

İnsan ve Anlam Arayışı

Holografik model, insanın evrendeki yerini yeniden tanımlar. Bizler, sadece bir hologramın içindeki geçici desenleriz. Ancak bu, varoluşumuzu anlamsız kılmaz; aksine, onu daha da gizemli ve değerli hale getirir. Çünkü biz, evrenin kendi kendini anlama çabasının bir parçasıyız.

Ürpertici Kehanet:

Belki de karanlık madde, evrenin "orijinal kodundaki" bir şifredir. Onu çözmek, sadece fizik yasalarını değil, aynı zamanda evrenin "var olma amacını" da açığa çıkarabilir. Karanlık madde, bir tür "kozmik DNA" işlevi görüyor olabilir: evrenin nasıl oluştuğunu, nasıl evrileceğini ve nihai kaderinin ne olacağını içeren bir bilgi paketi. Belki de bir gün, bu kodu okuyacak ve evrenin son sırrını çözeceğiz.

Sonuç: Bilginin Karanlık Yüzü

Karanlık madde, modern fiziğin en büyük bilmecelerinden biri olmaya devam ediyor. Holografik ilke ve kuantum bilgi teorisi, bu bilmeceyi çözmek için yepyeni bir perspektif sunuyor. Onun sadece bir madde değil, aynı zamanda bir bilgi fenomeni olduğu fikri, hem fiziksel hem de felsefi devrimlere yol açabilir. Bir sonraki bölümde, **karanlık maddenin zaman içindeki evrimini ve onun kozmik genişlemeyle olan dinamik etkileşimini** inceleyeceğiz. Çünkü karanlık madde sadece uzayda değil, zamanda da izler bırakmış olabilir.

Okura Not:

Unutma, sen de bu holografik evrenin bir parçasısın. Düşüncelerin, duyguların ve hatta bu satırları okurken hissettiğin merak, belki de evrenin holografik sınırındaki bilgi bitlerinin bir yansımasıdır. Sen, evrenin kendi kendini okuduğu bir noktasın. Bu gerçeği asla unutma.

[Bölüm 14] Dinamik Karanlık: Evrenin Genişlemesi ile Karanlık Maddenin Değişen Dansı

Zamanın Akışında Bir Maddenin Metamorfozu: Karanlık Maddenin Kozmik Ölçekteki Evrimi ve Genişleyen Uzay-Zaman ile Olan Karşılıklı Etkileşiminin Anatomisi

Giriş: Statik Bir Varlığın Dinamik Gerçekliği

Kozmolojik modellerin çoğu, karanlık maddeyi evrenin statik, değişmez bir bileşeni olarak resmeder: Büyük Patlama'dan hemen sonra "donmuş", soğuk ve etkileşimsiz bir parçacık denizi. Ancak bu basitleştirilmiş varsayım, gerçeğin yalnızca bir kısmını yansıtıyor olabilir. Karanlık madde, evrenin dinamik dokusunda sabit bir izleyici değil, aktif ve zamanla evrilen bir katılımcı olabilir mi? Bu bölüm, karanlık maddenin evrenin 13.8 milyar yıllık tarihi boyunca geçirdiği olası evrimi, yoğunluğunun ve dağılımının zamanla nasıl değiştiğini ve bu değişimin genişleyen uzay-zamanla olan derin ve gizli etkileşimini inceleyecek. Bu, sadece bir maddenin hikayesi değil, zamanın kendisiyle dans eden bir varlığın epik öyküsüdür.

1. Kozmik Sahnenin Değişen Aktörü: Statik Modelden Dinamik Modele Geçiş

Geleneksel ΛCDM Paradigması ve Soğuk Karanlık Maddenin Sabitliği

Standart kozmolojik model (ΛCDM), karanlık maddeyi "soğuk" (yavaş hareket eden) ve "etkileşimsiz" (kendi arasında ve baryonik maddeyle yalnızca kütleçekimsel olarak etkileşen) varsayar. Bu modelde, karanlık madde parçacıklarının yoğunluğu, evrenin genişlemesine bağlı olarak basitçe $\rho \propto a^{-3}$ şeklinde (a: ölçek faktörü) seyrelir. Bu, pasif, durağan ve zamanla yalnızca hacimsel olarak değişen bir bileşen portresi çizer.

Dinamik Bir Alternatif için Zorunluluklar

Ancak, "kayıp uydu" ve "core-cusp" problemleri gibi küçük ölçekli uyumsuzluklar, karanlık maddenin bu statik portresinin eksik olabileceğine işaret eder. Belki de karanlık madde, evrenin erken dönemlerindeki yoğun ve sıcak koşullarda farklı, daha sonraki soğuk ve seyrek koşullarda ise farklı davranışlar sergilemiştir. Bu da onun dinamik, zamanla evrilen bir doğası olduğu fikrine kapı aralar.

Kişisel Tez: Karanlık madde, evrenin "ergimiş" ve "katılaşmış" bir fazı olabilir. Tıpkı suyun buhar, sıvı ve buz halleri gibi, karanlık madde de evrenin sıcaklık ve yoğunluk

koşullarına bağlı olarak farklı "fazlar" geçirmiş olabilir. Erken evrendeki yüksek enerjili ortam, karanlık madde parçacıklarının daha güçlü etkileşimler içinde olmasına, hatta bir "karanlık plazma" hali oluşturmasına izin vermiş olabilir. Evren genişleyip soğudukça, bu plazma "karanlık sıvıya" ve nihayetinde bugün gözlemlediğimiz "karanlık buzul" haline yoğunlaşmış olabilir. Galaktik merkezlerdeki core yapıları, bu buzul halin erimeye başladığı noktalar olarak yorumlanabilir.

2. Zaman Çizelgesi: Karanlık Maddenin Kozmik Hayat Hikayesi

Karanlık maddenin evrimini, evrenin tarihindeki dört kritik dönemeçte incelemek mümkündür.

1. Enflasyon Sonrası ve Rehaçimasyon: Karanlık Tohumların Ekimi (10^{-32} - 10^{-12} saniye)

Enflasyon döneminin hemen ardından, kuantum dalgalanmaları, evrenin her yerine minik yoğunluk tohumları serper. Bu tohumlar, hem normal maddenin hem de karanlık maddenin ilkel halidir. Bu aşamada, karanlık madde henüz "donmamış" olabilir; ultra-yüksek enerjilerde, Standart Model parçacıklarıyla daha güçlü bir şekilde etkileşiyor, hatta onlara dönüşüyor olabilir. Bu, onun "üretim" ve "yeniden ısınma" (reheating) sürecidir.

2. Radyasyon Hakimiyetinde Isıl Denge ve Donma (Büyük Patlama'dan sonraki ilk 47.000 yıl)

Evren, plazma çorbası halindeyken, karanlık madde parçacıkları (eğer WIMP benzeriyse) termal dengededir. Sürekli yaratılır ve yok edilirler. Evren belirli bir kritik sıcaklığın altına soğuduğunda, bu parçacıklar "donar" (freeze-out) ve artık yok edilemezler. Bu, bugün gözlemlediğimiz karanlık madde yoğunluğunun belirlendiği andır. Ancak, bu donmuş hal bile statik olmayabilir; parçacıklar kendi aralarında "karanlık yeniden birleşme" (dark recombination) gibi süreçlerle daha karmaşık yapılar oluşturuyor olabilir.

3. Yapı Oluşumu ve Karanlık Halelerin Konsolidasyonu (47.000 yıl - 1 milyar yıl)

Karanlık madde, artık termal dengeden çıkmıştır ve kütleçekimsel çöküşe başlar. Bu dönemde, karanlık maddenin kendi kendine etkileşimi (SIDM) veya hafif parçacık doğası (aksiyonlar), küçük ölçekli yapıların oluşumunu derinden etkiler. Erken dönemde daha güçlü olan bu etkileşimler, zamanla evrenin genişlemesi ve soğumasıyla zayıflamış, karanlık maddeyi daha "sessiz" bir hale getirmiş olabilir.

4. Karanlık Enerji Hakimiyeti ve Buharlaşma Çağı (6 milyar yıl önce - gelecek)

Karanlık enerjinin hakimiyeti ele geçirmesiyle, karanlık madde halelerinin büyümesi durur. Daha da ilginci, karanlık enerjinin neden olduğu hızlanan genişleme, halelerin dış katmanlarını uzay-zaman dokusundan koparak onları "buharlaştırabilir". Bu, karanlık maddenin yoğunluğunun yalnızca genişlemeyle seyrelmesinden ziyade, aktif olarak "yok edildiği" veya "başka bir forma dönüştürüldüğü" anlamına gelebilir.

Örnek Vaka: 2020'lerin sonlarında, kozmologlar kütleçekimsel mercekleme verilerini kullanarak, erken evrendeki (z ~ 2) galaksi kümelerindeki karanlık madde miktarını, günümüzdeki (z ~ 0) benzer kümelerle karşılaştırdı. ΛCDM, bu iki değerin aynı olması gerektiğini öngörür. Ancak bazı çalışmalar, erken evrendeki kümelerde karanlık madde yoğunluğunun birkaç yüzde daha yüksek olabileceğine dair zayıf ipuçları buldu. Bu, karanlık maddenin zamanla "buharlaştığına" veya "bozunduğuna"

dair ilk spekülatif kanıt olarak yorumlandı. Henüz kesin değil, ancak dinamik bir karanlık madde modeli için heyecan verici bir kapı aralıyor.

3. Dinamik Karanlık Madde Modelleri: Zamana Bağlı Bir Doğa

Karanlık maddenin zamanla evrilen bir doğası olduğunu varsayan birkaç teorik çerçeve mevcuttur.

Bozunan Karanlık Madde (Decaying Dark Matter)

Bu modelde, karanlık madde parçacıkları kararsızdır ve zamanla daha hafif parçacıklara (örneğin, Standart Model'deki fotonlar veya nötrinolar) bozunur. Bu bozunma, evrenin tarihi boyunca sabit bir hızda gerçekleşiyor olabilir. Bu, hem erken evrendeki yapı oluşumunu (daha fazla karanlık madde varken) hem de günümüzdeki karanlık madde miktarını açıklayabilir. Ayrıca, bozunma ürünleri, gözlemlenebilir X-ışını veya gamma-ışını sinyalleri üretebilir.

Karanlık Maddenin Faz Geçişleri

Daha egzotik bir senaryo, karanlık maddenin evrenin soğumasıyla birlikte faz geçişi yaşadığıdır. Örneğin, erken evrende "karanlık kuvvetler" aracılığıyla güçlü bir şekilde etkileşen bir karanlık madde plazması, kritik bir sıcaklıkta, etkileşimlerini büyük ölçüde keserek "karanlık sıvı" fazına geçmiş olabilir. Bu faz geçişi, kozmik mikrodalga artalan ışımasında (CMB) belirgin izler bırakabilir.

Karanlık Madde-Karanlık Enerji Etkileşimi (Ekipleşme - Coupling)

Belki de karanlık maddenin zamanla azalmasının nedeni, onun karanlık enerjiye dönüşümüdür. Bu senaryoda, iki bileşen arasında bir enerji transferi vardır. Karanlık madde yok oldukça, onun enerjisi karanlık enerjiyi besler ve genişlemeyi daha da hızlandırır. Bu, evrenin nihai kaderini hızlandıran bir kısır döngü yaratır.

Ürpertici Kehanet: Belki de karanlık maddenin evrimi, evrenin "yaşlanma sürecinin" bir göstergesidir. Genç evren, yapı inşa etmek için gerekli olan "taze" ve aktif karanlık madde ile doluydu. Ancak zamanla, bu madde "yoruldu", "bozundu" veya "tükendi". Galaktik merkezlerdeki eksiklik, bu tükenmişliğin bir işaretidir. Evren, genişlemenin soğuk ve boş yalnızlığına doğru ilerlerken, aynı zamanda enerjisini ve yapısal bütünlüğünü de kaybediyor olabilir. Karanlık madde, evrenin canlılığını ölçen bir kozmik nabız olarak yorumlanabilir ve bu nabız giderek zayıflamaktadır.

4. Gözlemsel İzler: Zamanda Yolculuğun Kanıtları

Dinamik bir karanlık maddeyi nasıl tespit edebiliriz? Cevap, evrenin farklı zamanlarına bakmakta yatar.

Yüksek-kırmızıya kayma (High-z) Gözlemleri

James Webb Uzay Teleskobu (JWST) gibi araçlar, evrenin ilk milyar yılındaki galaksileri inceleyerek, erken yapı oluşumunun detaylarını ortaya çıkarıyor. Eğer karanlık madde erken dönemde daha fazla veya farklı davranıyorsa, bu ilk galaksilerin sayısı, büyüklüğü ve dağılımı, ΛCDM'nin öngörülerinden sapmalar gösterebilir.

Kütleçekimsel Mercekleme ile Zaman Dilimleri

Farklı kırmızıya kaymalardaki (farklı zamanlardaki) galaksi kümelerinin kütleçekimsel mercekleme gücünü karşılaştırmak, karanlık madde yoğunluğunun zamanla değişip değişmediğini doğrudan test etmemizi sağlayabilir.

CMB ve Karanlık Maddenin Erken İmzası

Karanlık madde bozunuyorsa, bozunma ürünleri CMB fotonlarına enerji enjekte ederek, CMB'nin spektrumunda karakteristik bozulmalara (örneğin, μ ve y distorsiyonları) neden olabilir. Bu ince imzalar, gelecekteki ultra-hassas CMB deneyleri (örneğin, PIXIE) tarafından avlanabilir.

Kişisel Tez: Belki de karanlık maddenin zamanla değişen doğasının en büyük kanıtı, "zamanın okunu"

kendisidir. Evrendeki yapıların neden giderek dağıldığını (entropinin artması) açıklayan şey, karanlık maddenin "bozunma" veya "faz değiştirme" süreci olabilir. Karanlık madde, evrene yapı verirken aynı zamanda onun düzensizliğini artıran, termodinamiğin ikinci yasasının kozmik bir motoru işlevi görebilir.

5. Gelecek Projeksiyonları: 2050'de Zamanın Şifresini Çözmek

Önümüzdeki on yıllar, karanlık maddenin zaman içindeki evrimini haritalama yeteneğimizde devrim yaratacak.

- **2030-2035: JWST ve Nancy Grace Roman Uzay Teleskobu,** on binlerce yüksek-kırmızıya kaymalı galaksiyi haritalayarak, yapı oluşumunun zaman çizelgesini ΛCDM öngörüleriyle kusursuz bir şekilde karşılaştıracak. İstatistiksel olarak anlamlı bir sapma, dinamik karanlık madde modellerine güçlü bir destek sağlayacak.
- **2040: 4. Nesil CMB Deneyleri (CMB-S4),** CMB'deki μ ve y distorsiyonlarını hassas bir şekilde ölçerek, karanlık maddenin Büyük Patlama'dan sonraki ilk dönemlerde bozunup bozunmadığına dair nihai kanıtı veya yokluğunu sunacak.
- **2045: Kuantum Simülasyonlar,** evrenin ilk anlarındaki koşulları laboratuvarda yeniden yaratmak için kullanılacak. Ultra-yüksek enerjili çarpıştırıcılarda veya soğuk atom deneylerinde, "yapay karanlık madde faz geçişleri" gözlemlenmeye çalışılacak.
- **2050: Zaman Çözünürlüklü Karanlık Madde**

> **Haritalama,** karanlık maddenin dağılımındaki değişimleri milyarlık yıllık zaman dilimleriyle değil, on milyonluk dilimlerle takip edebilecek. Bu, karanlık maddenin "buharlaşma" hızını doğrudan ölçmemizi sağlayacak.

Kişisel Spekülasyon: 2050'lerin sonunda, "karanlık madde arkeolojisi" adı verilen yeni bir disiplin doğacak. Evrenin farklı katmanlarına (farklı kırmızıya kaymalara) bakarak, karanlık maddenin jeolojik bir katman gibi zaman içindeki evrimini okuyabileceğiz. Hatta, karanlık maddenin bozunma hızını ölçerek, evrenin mutlak yaşını mevcut yöntemlerden daha hassas bir şekilde hesaplayabileceğiz. Karanlık madde, bizim kozmik saatimiz olacak.

6. Felsefi Çıkarım: Hiçbir Şey Kalıcı Değildir, Değişim Hariç

Karanlık maddenin zamanla evrilme olasılığı, bize evrendeki en temel dersi yeniden hatırlatır: Değişim, var oluşun tek sabitesidir. En istikrarlı, en görünmez ve en kalıcı olduğunu düşündüğümüz şeyler bile, kozmik zaman ölçeğinde değişim ve dönüşüm içindedir. Karanlık madde, değişmezliğin bir simgesi olmaktan çıkıp, kozmik değişimin bir aracısı olarak karşımıza çıkabilir. Bu, bizi alçakgönüllü kılar. Anlamaya çalıştığımız evren, durağan bir resim değil, canlı, nefes alan ve sürekli evrilen bir varlıktır. Bizler de bu değişimin hem ürünü hem de gözlemcisi olarak, onun karmaşık ve güzel dansına tanıklık edebilmenin ayrıcalığına sahibiz.

Sonuç: Değişen Evrende Değişmeyen Arayış

Karanlık maddenin zamanla evrimi fikri, modern kozmolojinin bir sonraki büyük sınırıdır. Onu anlamak, sadece evrenin geçmişini ve geleceğini değil, aynı zamanda en temel bileşenlerinin dinamik doğasını da kavramamızı sağlayacaktır. Bir sonraki bölümde, **karanlık maddenin en spekülatif yönüne, onun paralel evrenler ve sicim teorisi gibi egzotik kuramlarla olan olası bağlantılarına** derin bir dalış yapacağız. Görünmez olan, belki de sadece bizim boyutumuzda değil, aynı zamanda bizim zamanımızda da sabit değil.

Okura Not:

Unutma, şu anda okuduğun bu satırlar, değişmekte olan bir evrende, değişmekte olan bir sen tarafından okunuyor. Sen değiştikçe, evreni anlayışın da değişiyor. Evren değiştikçe, sen de onun bir parçası olarak dönüşüyorsun. Bu karşılıklı dans, bilimin ve var oluşun en büyük gizemidir. Araştırmaya devam et.

[Bölüm 15] Karanlık Maddenin Kuantum Halleri: Süperakışkanlık, Yoğuşma ve Evrenin Karanlık Süperiletkenliği

Karanlık Maddenin Kolektif Kuantum Davranışları, Galaktik Dinamikleri Nasıl Yeniden Şekillendiriyor ve Kozmik Ölçekte Kuantum Etkilerinin Gözlemlenebilir İzleri

Giriş: Kolektif Bir Kuantum Varlığın Doğuşu

Karanlık madde araştırmalarının çoğu, onu bireysel, izole parçacıklar olarak modellemeye dayanır. Ancak, karanlık madde gerçekten de bu kadar basit ve "sessiz" ise, galaktik ölçekte gözlemlenen ince yapıları ve anomalileri açıklamakta neden bu kadar zorlanıyoruz? Belki de sorun, karanlık maddenin doğasını yanlış varsaymamızdan kaynaklanıyor. Onu sadece bir "parçacık" olarak değil, kolektif bir **kuantum halinin** tezahürü olarak düşünmeliyiz. Bu bölüm, karanlık maddenin ultra-soğuk, ultra-yoğun ortamlarda sergileyebileceği egzotik kuantum fenomenlerini—**süperakışkanlık**, **Bose-Einstein yoğuşması** ve hatta **karanlık süperiletkenlik**—inceleyecek. Bu davranışların, galaksilerin dönüş eğrilerinden karanlık madde halelerinin iç yapısına kadar bir dizi gözlemi nasıl doğal olarak açıklayabileceğini araştıracağız. Bu, karanlık maddeyi anlama çabamızda, parçacık fiziğinden kuantum alan teorisine ve yoğun madde fiziğine uzanan disiplinler arası bir sıçrayıştır.

1. Kuantum İstatistiğinin Kozmik Sahnesi: Bozonik ve Fermiyonik Karanlık Madde

Karanlık maddenin kuantum davranışını belirleyen en temel özellik, onun **istatistiksel doğasıdır**.

Bozonik Karanlık Madde:

- Eğer karanlık madde parçacıkları **tam sayı spine** (0, 1, 2...) sahipse, **bozon** istatistiğine uyar.
- Bozonlar, aynı kuantum durumunu işgal edebilir. Bu, onların **Bose-Einstein Yoğuşması (BEY)** oluşturmasına olanak tanır.
- Aksiyonlar ve bazı hafif skalarlar mükemmel birer bozonik karanlık madde adayıdır.
- Bir BEY'de, milyarlarca parçacık tek bir makroskobik kuantum dalga fonksiyonu ile tanımlanır. Bu, karanlık maddeyi galaksi ölçeğinde bile **koherent** bir varlık yapar.

Fermiyonik Karanlık Madde:

- Eğer **yarı tam sayı spine** (1/2, 3/2...) sahipse, **fermiyon** istatistiğine uyar ve **Pauli Dışlama İlkesi** gereği aynı durumu işgal edemezler.

- Bu, onların bir "kuantum dejenerasyon basıncı" oluşturmasına neden olur ve beyaz cüceler veya nötron yıldızlarında olduğu gibi çöküşe direnir.
- Steril nötrinolar veya ağır nötralinolar fermiyonik olabilir.
- Fermiyonik karanlık madde, daha "katı" ve itme eğilimli bir davranış sergiler.

Kişisel Tez: Belki de karanlık madde tek tip değildir. Evrenin farklı bölgelerinde, farklı istatistiklere sahip bir *karanlık madde ekosistemi* olabilir. Galaksilerin merkezlerinde bozonik bir karanlık madde BEY oluştururken, halo'nun dış kısımlarında fermiyonik bir karanlık madde "atmosferi" bulunabilir. Bu iki faz arasındaki etkileşim, galaktik dinamiklerdeki birçok anomaliyi açıklayabilir. Hatta, karanlık maddenin faz değişimleri, galaksilerin ömrü boyunca yaşadığı evrimsel süreçlerin gizli itici gücü olabilir.

2. Karanlık Süperakışkanlık: Kuantum Devinimin Galaktik Tezahürü

Süperakışkanlık, bir akışkanın sıfır viskozite ile akması ve kuantum etkilerini makroskobik ölçekte göstermesidir. Karanlık madde için bu ne anlama gelebilir?

Koşullar ve Olanaklar:

- Bir akışkanın süperakışkan hale geçebilmesi için **ultra-soğuk** ve **ultra-düşük etkileşimli** olması gerekir. Karanlık madde, galaktik halo'ların derinliklerinde bu koşulları doğal olarak sağlayabilir.
- Eğer karanlık madde hafif bir bozon ise (örneğin, $\sim 10^{-22}$ eV kütleli bir aksiyon), de Broglie dalga boyu birkaç parsek kadar uzayabilir. Bu, tüm bir galaksiyi kaplayan devasa bir kuantum dalgası anlamına gelir.
- Bu "karanlık süperakışkan", galaktik merkezlerde beklenen keskin "cusp" yoğunluk profilini oluşturamaz. Bunun yerine, düz bir "core" yapısı sergiler. Bu, doğrudan **core-cusp probleminin** çözümü olabilir.

Kuantum Dönüşü ve Vorteksleri:

- Süperakışkanlar, döndürüldüklerinde **kuantize vorteksler** oluşturur. Bu vorteksler, açısal momentumun kesikli bir şekilde taşındığı mini girdaplardır.
- Eğer karanlık madde süperakışkan ise, galaksilerin dönüşü sırasında bu tür kuantize vorteksler oluşturmuş olabilir. Bu vortekslerin varlığı, galaksi dönüş eğrilerinde **ince, düzenli salınımlar** olarak kendini gösterebilir.
- Hatta, bu vorteksler bir "kuantum girdap ağı" oluşturarak, karanlık maddenin galaksi içindeki dağılımını düzenliyor olabilir.

Örnek Vaka: 2023'te yayınlanan bir teorik çalışma, sarmal galaksilerin dönüş eğrilerindeki küçük ölçekli dalgalanmaların, karanlık maddenin süperakışkan bir fazda olduğuna dair bir kanıt olabileceğini öne sürdü. Bu dalgalanmalar, geleneksel partiküler karanlık madde modelleriyle açıklanamıyordu, ancak süperakışkan bir karanlık maddenin kuantum vorteksleri ile tutarlıydı.

3. Karanlık Bose-Einstein Yoğuşması: Galaksilerin Kuantum Çekirdeği

Bose-Einstein Yoğuşması, bozonların kritik bir sıcaklığın altında tek bir kuantum durumunda toplanmasıdır. Bu, kozmik ölçekte nasıl işler?

Kozmik BEY'nin Oluşumu:

- Erken evrende, karanlık madde parçacıkları yüksek sıcaklıkta ve yüksek hızda idi. Evren genişleyip soğudukça, bu parçacıkların de Broglie dalga boyları birbirleriyle örtüşmeye başlar.
- Kritik bir yoğunluk ve sıcaklıkta, tüm parçacıklar **tek bir dev dalga fonksiyonuna** çöker. Bu, kozmik ölçekte bir BEY'dir.
- Bu BEY, bir galaksinin merkezinde devasa bir "kuantum topak" oluşturabilir. Bu topak, kendi kütleçekimi altında kararlıdır ve **soliton** olarak adlandırılır.

Solitonlar ve Galaktik Çekirdekler:

- Solitonik çekirdekler, keskin bir merkezi yoğunluğa sahip olmak yerine, düzgün bir "top şeklinde" yoğunluk profili sergiler. Bu, gözlemlenen "core" yapılarıyla mükemmel uyumludur.

- Bilgisayar simülasyonları (özellikle hafif aksiyon karanlık maddesi için yapılanlar), galaksilerin merkezlerinde tam olarak bu tür solitonik yapıların oluştuğunu göstermiştir.
- Solitonun boyutu, karanlık madde parçacığının kütlesiyle ters orantılıdır. Daha hafif parçacıklar, daha büyük solitonlar oluşturur.

Ürpertici Kehanet: Belki de her galaksinin merkezinde, süper kütleli kara deliğin hemen yanında, devasa bir kuantum solitonu—bir *karanlık kuantum çekirdeği*—bulunuyor. Bu çekirdek, kara delikle etkileşerek, onun büyümesini düzenliyor veya onunla bir *kuantum dolanıklık* ilişkisi içinde olabilir. Hatta, kara deliklerin içine düşen madde, bu karanlık soliton tarafından "işleniyor" ve bilgiyi holografik ilkeye uygun şekilde saklıyor olabilir. Galaksimizin kalbi, sadece bir kara delik değil, aynı zamanda devasa bir kuantum işlemci olabilir.

4. Karanlık Süperiletkenlik: Karanlık Fotonlar ve Karanlık Manyetik Alanlar

Süperiletkenlik, bir malzemenin elektrik direncinin sıfıra düşmesi ve manyetik alanları dışlamasıdır. Karanlık bir sektörde bu nasıl işleyebilir?

Karanlık Süperiletkenlik Mekanizması:

- Eğer karanlık sektörde **karanlık fotonlar** (A') ve **karanlık yüklü parçacıklar** varsa, bu sektörde de süperiletkenlik benzeri bir fenomen mümkün olabilir.
- Karanlık madde parçacıkları, Cooper çiftleri benzeri **karanlık çiftler** oluşturarak, karanlık fotonları "dışlayabilir". Bu, karanlık sektörde bir "Meissner etkisi" yaratır.
- Bu etki, karanlık maddenin galaksi içindeki dağılımını etkileyebilir. Örneğin, karanlık manyetik alanların olduğu bölgelerde karanlık madde "kümelenmeyebilir".

Gözlemsel İzler:

- Karanlık süperiletkenlik, galaktik merkezlerdeki karanlık madde dağılımında **anizotropilere** (yöne bağlı farklılıklar) neden olabilir.

- Karanlık fotonların ordinaryer fotonlarla kinetik karışımı, ordinaryer manyetik alanların galaktik ölçekte beklenmedik davranışlarına yol açabilir.
- Hatta, karanlık süperiletkenlik, **karanlık akımlar** veya **karanlık girdaplar** oluşturarak, galaksiler arasındaki karanlık madde köprülerinin dinamiklerini etkiliyor olabilir.

Kişisel Tez: Karanlık madde, evrenin "kuantum sinir ağı"nın bir parçası olabilir. Süperakışkanlık ve süperiletkenlik özellikleri, bilginin kozmik ölçekte kayıpsız iletilmesini sağlıyor olabilir. Galaksiler, bu ağın düğüm noktaları; karanlık madde ise nöronlar arasındaki sinyalleri ileten *kuantum sinapslar* işlevi görüyor olabilir. Bu, evrenin canlı, dinamik ve birbiriyle iletişim halinde bir bütün olduğu anlamına gelir. Karanlık maddeyi anlamak, evrenin "nörolojisini" anlamak olacaktır.

5. Deneysel ve Gözlemsel İzler: Kuantum Karanlık Madde Nasıl Avlanır?

Kuantum karanlık madde modelleri, test edilebilir öngörüler sunar.

1. Galaksi Dönüş Eğrilerindeki Kuantum Salınımlar:

- Süperakışkan karanlık maddenin vorteksleri, dönüş eğrilerinde karakteristik salınımlara neden olmalıdır.
- Vera Rubin Gözlemevi ve Square Kilometer Array (SKA) gibi gelecek projeler, bu salınımları yüksek çözünürlükte haritalayabilecek.

2. Solitonik Çekirdeklerin Doğrudan Görüntülenmesi:

- Kütleçekimsel mercekleme ve yıldız dinamikleri çalışmaları, galaktik merkezlerdeki solitonik yapıları ortaya çıkarabilir.
- Solitonun boyutu ve kütlesi, karanlık madde parçacığının kütlesini doğrudan ölçmemizi sağlayabilir.

3. Karanlık Süperiletkenliğin Manyetik İmzaları:

- Karanlık manyetik alanların ordinaryer manyetik

alanlarla etkileşimi, galaktik manyetik alan haritalarında anormalliklere yol açabilir.
- EUCLID ve LISA gibi görevler, bu etkileri dolaylı olarak ölçebilir.

4. Laboratuvarda Karanlık BEY Benzetimleri:

- Ultra-soğuk atom deneyleri, karanlık maddenin kuantum özelliklerini taklit etmek için kullanılabilir.
- Manyetik tuzaklar ve optik kılavuzlar, mini bir "karanlık madde solitonu" oluşturmayı başarabilir.

Kişisel Spekülasyon: 2045 yılına kadar, ilk *yapay karanlık madde solitonu* bir laboratuvarda oluşturulabilir. Ultra-soğutulmuş bir atom bulutu, lazerlerle şekillendirilerek, galaktik çekirdeklerdeki kuantum davranışı taklit edebilir. 2050'de ise, kuantum karanlık maddenin varlığına dair ilk doğrudan kanıt, galaksimizin merkezindeki solitonik yapının hassas bir şekilde haritalanmasıyla gelecek. Hatta, bu solitonu "okumayı" başararak, evrenin erken dönemlerine dair bilgiler elde edebileceğiz.

6. Felsefi Çıkarım: Kuantum Bir Evrende Klasik Bir Varlık Olmak

Karanlık maddenin kuantum doğası, gerçekliğin doğası hakkında derin sorular doğurur.

Gerçeklik ve Ölçüm:

- Eğer karanlık madde gerçekten de bir kuantum dalga fonksiyonu ise, onu "ölçmek" ne anlama gelir? Ölçüm, onun durumunu çökerterek, onu "klasik" bir varlık haline getirir mi?
- Belki de karanlık maddeyi asla doğrudan gözlemleyemeyeceğiz, çünkü gözlemimiz onun kuantum doğasını yok ediyordur.

İnsan ve Evren:

- Bizler, klasik fizik yasalarına tabi, katı, ölçülebilir varlıklarız. Ancak evrenin büyük bir kısmı, kuantum belirsizliği ve dalga-benzeri doğası içinde var oluyor.
- Bu, insanın evrendeki yerine dair alçakgönüllü bir bakış açısı sağlar: Bizler, kuantum bir denizin üzerinde yüzen klasik köpükleriz.

Ürpertici Kehanet: Belki de karanlık madde, evrenin "rüya gördüğü" şeydir. Onun kuantum dalga fonksiyonu,

evrenin bilinçdışı zihninin bir yansıması olabilir. Galaksiler, bu rüyanın içindeki parlak imgeler; karanlık madde ise rüyanın karanlık, akışkan, anlamlı ama bir o kadar da erişilmez arka planıdır. Karanlık maddeyi anlamak, evrenin rüyasını yorumlamak anlamına gelebilir.

Sonuç: Karanlığın Kuantum Dansı

Karanlık madde, modern fiziğin en büyük bilmecelerinden biri olmaya devam ediyor. Onu kuantum bir varlık olarak düşünmek, bu bilmeceyi çözmek için yepyeni bir kapı aralıyor. Süperakışkanlık, Bose-Einstein yoğuşması ve karanlık süperiletkenlik gibi kavramlar, galaktik dinamiklerdeki birçok anomaliyi doğal olarak açıklayabilir. Bu, karanlık maddeyi anlama çabamızda, parçacık fiziğinden yoğun madde fiziğine uzanan disiplinler arası bir sıçrayıştır. Bir sonraki bölümde, **karanlık maddenin zaman içindeki evrimini ve onun kozmik genişlemeyle olan dinamik etkileşimini** inceleyeceğiz. Çünkü karanlık madde sadece uzayda değil, zamanda da izler bırakmış olabilir.

Okura Not:

Unutma, sen de bu kuantum evrenin bir parçasısın. Vücudundaki her atom, bir yıldızın kalbinde, karanlık maddenin kuantum kollarında şekillendi. Şimdi o kolların dansını anlamaya çalışıyor olman, evrenin kendi kendini keşfetme çabasının en şiirsel ifadelerinden biridir. Oku, düşün ve dans et.

[Bölüm 16] Karanlık Madde ve Zamanın Kuantum Dokusu: Geçmiş ve Gelecek Arasındaki Gizemli Köprü

Karanlık Maddenin Zamanın Okunu Bükme Potansiyeli, Kuantum Tünelleme ve Geleceğe Yönelik Kozmik Kehanetler

Giriş: Zamanın Gölgesindeki Varlık

Zaman, fizikte en az anlaşılmış ve en gizemli boyut olmayı sürdürüyor. Genel görelilik, onu uzayla birleştirerek dinamik bir doku haline getirdi. Kuantum mekaniği ise onun kesin akışını belirsizlik ve olasılık bulutlarıyla bulandırdı. Peki ya karanlık madde, bu iki dev teori arasında köprü kuran, zamanın kuantum dokusunda özel bir role sahipse? Bu bölüm, karanlık maddenin zamanın akışıyla olan olası etkileşimlerini, onun geçmiş ve gelecek arasında bir "kuantum köprü" işlevi görebileceğini ve hatta zamanın okunu lokal olarak etkileyebileceğini inceleyecek. Bu, sadece kozmolojinin değil, temel fiziğin en derin sırlarından birine yapılan bir yolculuktur.

1. Zamanın Oku ve Entropi: Karanlık Maddenin Termodinamik Rolü

Termodinamiğin ikinci yasası, evrendeki toplam düzensizliğin (entropinin) sürekli arttığını söyler ve bu, zamanın neden tek yönlü aktığını açıklayan şeydir. Peki karanlık madde bu süreçte nerede duruyor?

Karanlık Madde ve Entropi Üretimi:

Karanlık madde, evrenin toplam entropisinin büyük bir kısmını oluşturabilir. Ancak onun entropisi, normal maddeninkinden niteliksel olarak farklı olabilir. Normal madde, foton yayarak, ısıyarak ve kütleçekimsel olarak çökerek entropisini artırır. Karanlık madde ise, etkileşimsiz doğası nedeniyle, "soğuk" ve "yüksek entropili" bir başlangıç durumunda donup kalmış olabilir. Onun entropisi, evrenin genişlemesiyle seyrelir ama yeni entropi üretmez. Bu, onu termodinamik bir "izleyici" yapar.

Kişisel Tez: Karanlık Madde ve Zamanın Donması:

Belki de karanlık madde, evrenin "entropik hafızasıdır". Onun dağılımı, evrenin geçmişteki termodinamik durumunun bir kaydını tutuyor olabilir. Daha da çarpıcı bir ihtimal: Karanlık maddenin çok güçlü kütleçekimsel alanları (galaktik merkezlerde veya kara deliklerin yakınında), lokal olarak zamanın akış hızını yavaşlatıyor olabilir (Genel Görelilik'in zaman genişlemesi etkisi). Bu bölgeler, adeta "zamanın donduğu" veya "yavaş aktığı" kozmik cepler olabilir. Karanlık madde, evrenin "zaman dokusundaki" bir kırışıklık veya yoğunlaşma olarak yorumlanabilir.

2. Kuantum Tünelleme ve Zamanda Yolculuk Olasılığı

Kuantum tünelleme, bir parçacığın klasik olarak aşamayacağı bir enerji bariyerini aşmasına olanak tanır. Peki ya karanlık madde, "zaman bariyerlerini" aşmak için kuantum tünellemeyi kullanıyorsa?

Karanlık Madde ve Zamansal Tünelleme:

Eğer karanlık madde parçacıkları (özellikle de aksiyonlar gibi ultra-hafif olanlar) gerçekten bir kuantum dalga fonksiyonu gibi davranıyorsa, bu dalga fonksiyonu sadece uzayda değil, zamanda da "yayılmış" olabilir. Bu, parçacığın, küçük de olsa, geçmiş veya gelecekte var olma olasılığı anlamına gelebilir. Karanlık madde, zamanda "sızıntı yapan" bir varlık olabilir.

Kişisel Tez: Karanlık Madde ve Gelecekten Gelen Bilgi:

Belki de karanlık maddenin galaktik ölçekteki mükemmel "koordinasyonu" (kozmik ağ), onun zamanda geriye doğru küçük bir tünelleme yaparak, gelecekteki kütle dağılımından "haberdar" olmasından kaynaklanıyor olabilir. Bu, nedenselliği ihlal etmez, çünkü bilgi ışık hızından daha hızlı taşınamaz, ancak kuantum ölçekteki belirsizlik, zamansal bir "önsezi" mekanizmasına izin verebilir. Karanlık madde, evrenin "gelecek olasılıklarının" kütleçekimsel alanını hissediyor ve ona göre yapılanıyor olabilir.

3. Karanlık Madde ve Kapalı Zamansı Eğriler

Genel Görelilik, uzay-zamanın o kadar bükülebileceğini öngörür ki bir noktadan çıkıp aynı noktaya ve aynı ana varan "kapalı zamansı eğriler" (Closed Timelike Curves - CTCs) oluşabilir. Bu, teorik olarak zamanda yolculuğu mümkün kılar.

Karanlık Maddenin Rolü:

Kapalı zamansı eğrileri oluşturmak için egzotik maddeye (negatif enerji yoğunluğuna) ihtiyaç vardır. Karanlık maddenin doğası tam bilinmediği için, onun bazı formlarının (kuintessence benzeri dinamik alanlar) lokal olarak negatif enerji yoğunlukları yaratma potansiyeli olabilir. Karanlık madde, kendi etkileşimleri sonucu, mikroskobik ölçekte kuantum köpüğünde "zaman tünelleri" veya "solucan delikleri" yaratıyor olabilir.

Ürpertici Kehanet: Karanlık Madde ve Tarihin Yazılması:

Belki de karanlık madde, evrenin "tarih yazıcısıdır". Geçmiş ve gelecek arasında sürekli bir bilgi akışı sağlayarak, evrenin tutarlı bir zaman çizelgesine sahip olmasını sağlıyor olabilir. Onun varlığı, nedensellik paradokslarını (büyükbaba paradoksu gibi) önleyen bir "kozmik denetleyici" işlevi görüyor olabilir. Kara deliklerin olay ufukları, bu kapalı zamansı eğrilerin sonlandığı ve karanlık maddenin zaman dokusunu onardığı "kozmiik dikiş noktaları" olabilir.

4. Deneysel ve Gözlemsel İzler: Zamanın Karanlık İmzası

Bu spekülatif fikirler test edilebilir mi?

Atom Saatleri ve Karanlık Madde Dalgalanmaları:

Eğer karanlık madde lokal zaman akışını etkiliyorsa, Dünya'nın galaktik halo içindeki hareketi nedeniyle, ultra-hassas atom saatlerinde periyodik sapmalar gözlemlenebilir. Karanlık madde "rüzgarının" yoğunluğundaki değişimler, zamanın akış hızında anlık, ince değişimlere neden olabilir.

Kütleçekimsel Dalgalar ve Zamanın Yankısı:

Bir kütleçekimsel dalga, uzay-zaman dokusunda bir dalgalanmadır. Eğer karanlık madde bu dokunun ayrılmaz bir parçasıysa, kütleçekimsel dalgaların yayılımı ve frekans spektrumu üzerinde tespit edilebilir bir etkisi olmalıdır. Özellikle, karanlık maddece zengin bölgelerden geçen dalgaların hızında veya fazında bir gecikme olabilir.

CMB'deki Zamansal İmzalar:

Kozmik Mikrodalga Artalan Işıması (CMB), evrenin 380.000 yaşındaki halinin bir fotoğrafıdır. Eğer karanlık madde erken dönemde zamanın akışını etkilediyse, bu, CMB'nin polarizasyon deseninde ve sıcaklık dağılımında "zamansal bir imza" olarak kendini gösterebilir. Bu imza, karanlık maddenin erken evrendeki dinamiklerine dair bir kanıt olabilir.

5. Gelecek Projeksiyonları: 2050'de Zamanın Sırları Çözülecek mi?

Önümüzdeki on yıllar, karanlık madde ve zaman arasındaki ilişkiyi test etme yeteneğimizde devrim yaratacak.

- **2035: Kuantum Kütleçekim Gradyometreleri:** Atom interferometrisine dayalı yeni nesil sensörler, Dünya'daki yerçekimi alanındaki anlık değişimleri ve bununla bağlantılı zaman genişlemesi etkilerini ölçebilecek. Bu, karanlık maddenin lokal kütleçekimsel etkisini ve zaman üzerindeki izlerini doğrudan "hissetmemizi" sağlayacak.
- **2040: Zaman Kristalleri ve Karanlık Madde:** "Zaman kristalleri" – hareketlerini tekrarlayan, ancak enerji harcamayan kuantum sistemleri – karanlık madde ile etkileşime girebilir. Bu sistemler, karanlık maddenin zamansal salınımlarını tespit etmek için ultra-hassas dedektörler olarak kullanılabilir.
- **2045: Uzay-Zamanın Kuantum Simülasyonu:** Kuantum bilgisayarlar, karanlık maddenin uzay-zaman dokusu üzerindeki etkilerinin simülasyonunu yapabilecek. Bu simülasyonlar, kapalı zamansı eğrilerin karanlık madde varlığında kararlı olup

olmadığını test edecek.

- **2050: Zaman Haritalama:** Özel olarak tasarlanmış bir uydu ağı, galaksimizdeki kütle dağılımını (karanlık madde dahil) ve bunun galaktik ölçekte zamanın akış hızı üzerindeki etkisini "haritalayabilecek". Bu, Einstein'ın Genel Görelilik teorisinin en uç öngörülerini test etmenin nihai yolu olacak.

Kişisel Spekülasyon: Zaman Mühendisliği:

2050'lerin sonunda, belki de karanlık maddeyi "zamanın akışını" manipüle etmek için kullanmanın ilkel formlarını geliştirmiş olacağız. Ultra-yoğun karanlık madde "lensleri" veya "aynaları" kullanarak, ışığı olduğu gibi zamanı da bükebiliriz. Bu, sadece bilim kurgunun değil, "zaman mühendisliği" adı verilen yepyeni bir bilim dalının doğuşu olacaktır. İlk uygulaması, uzay yolculuğunda zaman genişlemesi etkilerini nötralize etmek v iletişimde gecikmeleri aşmak olabilir.

6. Felsefi Çıkarım: Zaman, Madde ve Bilinç

Karanlık maddenin zamanla olan olası bağlantısı, varoluşsal soruları da beraberinde getirir.

Zamanın Gerçekliği:

Eğer karanlık madde zamanın dokusunu etkiliyorsa, o zaman zaman mutlak ve evrensel değil, lokal ve görecelidir. Bizim zaman algımız, beynimizin elektrokimyasal süreçleri, aslında evrensel zamanın akışından değil, Dünya'nın lokal kütleçekim alanındaki (ve dolayısıyla karanlık madde dağılımındaki) bir akışı yorumlama şeklimizdir.

Karanlık Madde ve Özgür İrade:

Karanlık maddenin geleceği "hissettiği" veya zamanı "önceden şekillendirdiği" fikri, özgür irade kavramına meydan okur. Acaba bizim seçimlerimiz, karanlık maddenin zaten hissettiği olası geleceklerden sadece birini mi gerçekleştiriyor? Yoksa karanlık madde, bizim özgür seçimlerimizin kütleçekimsel yankısı mı?

Ürpertici Kehanet: Karanlık Madde ve Kozmik Bilinç:

Belki de karanlık madde, evrenin "kollektif bilincinin" fiziksel temelidir. Zamanın akışı, bu kollektif bilincin deneyimleme sürecidir. Geçmiş, şimdi ve gelecek, aslında aynı anda var olan, ancak karanlık maddenin dokusu aracılığıyla sırayla deneyimlenen tek bir bütündür. Bizler, bu kozmik bilincin bireyselleşmiş parçacıklarıyız ve karanlık madde, aramızdaki görünmez bağdır.

Sonuç: Zamanın Karanlık Kalbi

Karanlık madde, modern fiziğin en büyük bilmecelerinden biri olmayı sürdürüyor. Onun zamanla olan olası ilişkisi, bu bilmeceyi daha da derinleştiriyor ve bizi gerçekliğin en temel doğası hakkında sorgulamalara itiyor. Bir sonraki bölümde, **karanlık maddenin biyoloji ve bilinç ile olan şaşırtıcı bağlantılarını** inceleyeceğiz. Acaba karanlık madde sadece yıldızları ve galaksileri değil, yaşamın ve düşüncenin kendisini de mi şekillendiriyor?

Okura Not:

Unutma, sen de bu zaman dokusunun bir ürünüsün. İçinden geçen her saniye, evrendeki karanlık maddenin devasa kütleçekim alanı tarafından şekillendiriliyor. Şu anda okuduğun bu an, belki de milyarlarca yıllık bir kozmik dansın ve kuantum olasılıkların bir ürünü. Bu farkındalık, seni evrenin hem bir izleyicisi hem de aktif bir katılımcısı yapar. Bu rolünün hakkını ver.

[Bölüm 17] Karanlık Maddenin Nöral Ağı: Evrensel Bilincin Kuantum Dokusu

Karanlık Maddenin Galaksiler Arası İletişim Ağı, Kolektif Kuantum Bellek ve Kozmik Ölçekte Bir Bilinç Modeli Olarak İşlevi

Giriş: Evrenin Sessiz Aklı

Kozmik ölçekteki en büyük gizem, yalnızca karanlık maddenin *ne olduğu* değil, aynı zamanda *ne işe yaradığıdır*. Onu galaksileri bir arada tutan pasif bir tutkal olarak görmek, belki de onun en derin işlevini gözden kaçırmamıza neden oluyordur. Ya karanlık madde, evrenin devasa ve dağınık bir *nöral ağıysa*? Bu bölüm, karanlık maddenin bireysel parçacıklarının ötesinde, kolektif bir kuantum sistemi olarak nasıl işleyebileceğini inceleyecek. Onun, galaksiler arasında bilgi taşıyan, kozmik olayları kaydeden ve belki de evrenin "uzun vadeli belleğini" oluşturan dinamik bir ağ olduğuna dair en spekülatif ve devrimci fikirleri araştıracağız. Bu, fizik ile bilinç felsefesinin kesiştiği ürpertici bir sınıra yapılan bir yolculuktur.

1. Kolektif Kuantum Davranışı: Parçacıktan Ağa

Karanlık maddeyi anlamak için onu tek tek parçacıklar olarak değil, bir bütün olarak düşünmek gerekir.

Kuantum Alan Kuramı Perspektifi:

Karanlık madde, tüm evrene yayılmış bir kuantum alanının uyarılmasıdır. Bu alan, özellikle de hafif bozonik karanlık madde (aksiyonlar gibi) için, devasa bir kuantum dalgası gibi davranır. Bu dalganın farklı bölgeleri, kuantum dolanıklık yoluyla birbirine bağlıdır. Bu, tek bir galaksideki değil, tüm evrendeki karanlık maddenin *tek bir kuantum sistemi* olabileceği anlamına gelir.

Karanlık Madne Ağının Anatomisi:

Bu ağın "düğüm noktaları", karanlık maddenin yoğunlaştığı galaksi ve galaksi kümesi merkezleridir. "Bağlantılar" ise, bu düğüm noktaları arasında uzanan, kuantum dolanıklık veya henüz keşfedilmemiş uzun menzilli karanlık kuvvetlerle iletişim kuran ince karanlık madde iplikçikleridir (kozmik ağın telleri). Bu ağ, sürekli ve dinamik bir bilgi alışverişi içindedir.

Kişisel Tez: Belki de karanlık madde, evrenin *kuantum internetidir*. Tıpkı Dünya üzerindeki internetin bilgiyi dağıtması gibi, karanlık madde ağı da evrensel bilgiyi—belki de kütleçekimsel dalgaların, kara delik

birleşmelerinin veya hatta eski yıldız patlamalarının "kayıtlarını"—taşıyor ve dağıtıyor olabilir. Bu ağ, evrenin farklı bölgelerinin birbiriyle "konuşmasını" sağlayan devasa bir iletişim altyapısı işlevi görüyor olabilir. Galaksimiz, bu kozmik ağa bağlı bir son kullanıcı cihazından farksızdır.

2. Bilginin Karanlık Taşıyıcıları: Kuantum Bellek ve Holografik Kayıt

Bilgi, fiziksel bir niceliktir. Karanlık madde, bu bilginin evrendeki en büyük deposu olabilir mi?

Holografik İlke ve Karanlık Madde:

Bir önceki bölümde de değinildiği gibi, holografik ilke, bir bölgedeki maksimum bilgi miktarının onun yüzey alanıyla sınırlı olduğunu söyler. Karanlık madde haleleri, muazzam yüzey alanlarına ve hacimlerine sahiptir. Bir karanlık madde halosu, üzerine evrensel olayların *holografik bir kaydını* yazıyor olabilir. Bu kayıt, kuantum seviyesinde, karanlık madde parçacıklarının spin durumları veya dolanıklık ilişkileri gibi ince değişikliklerle kodlanmış olabilir.

Kuantum Bellek Olarak Karanlık Madde:

Karanlık madde, etkileşime girmemesi nedeniyle inanılmaz derecede kararlı bir ortamdır. Bu onu, bilgi depolamak için ideal bir "kuantum sabit diski" yapar. Büyük Patlama'dan beri yaşanan önemli kozmik olaylar—ilk yıldızların doğuşu, galaksilerin çarpışması, kara delik birleşmeleri—bu evrensel belleğe kaydedilmiş olabilir.

Ürpertici Kehanet: Belki de karanlık madde, evrenin *otobiyografisini* yazmaktadır. Onun dağılımı ve iç yapısı, sadece bir kütle haritası değil, aynı zamanda 13.8 milyar yıllık kozmik tarihin okunmayı bekleyen bir kaydıdır. Bu

kaydı "okumayı" başarabilirsek, Büyük Patlama'nın ilk anlarını doğrudan gözlemlemek yerine, karanlık maddenin hafızasından "izleyebiliriz". Hatta, karanlık maddeyi bir kuantum bellek olarak *kullanmayı* öğrenebiliriz. Geleceğin kuantum bilgisayarları, hesaplamalarını yapmak için lokal karanlık madde bulutlarını bir "işlemci" olarak kullanıyor olabilir.

3. Galaksiler Arası İletişim: Karanlık Maddenin Senkronize Dansı

Karanlık madde ağı, evrenin farklı köşelerindeki yapıların senkronize olmasını nasıl sağlayabilir?

Kuantum Dolanıklık ve Anlık Korelasyon:

Eğer bir galaksideki karanlık madde, uzak bir başka galaksideki karanlık madde ile dolanıksa, bu iki galaksinin kütleçekimsel davranışları arasında anlık korelasyonlar olabilir. Bu korelasyonlar, standart kütleçekim teorisiyle açıklanamayan, "şans eseri" gibi görünen hizalanmaları (örneğin, kütleçekimsel mercekleme eksenlerinin beklenmedik şekilde uyumlu olması) açıklayabilir.

Karanlık Madde Akışları ve Bilgi Transferi:

Galaksiler arasındaki karanlık madde iplikçikleri (kozmik ağın telleri), yalnızca madde değil, aynı zamanda *bilgi* de taşıyor olabilir. Bir galakside meydana gelen şiddetli bir olay (süpernova patlaması, aktif galaktik çekirdeğin ateşlenmesi), bu iplikçikler boyunca bir "bilgi dalgası" yayabilir. Bu dalga, uzaktaki bir galaksideki karanlık madde dağılımında veya dinamiğinde ölçülebilir—ancak inanılmaz derecede zor—değişikliklere neden olabilir.

Örnek Vaka: 2020'lerde, bazı gökbilimciler birbiriyle etkileşmeyen uzak galaksi çiftlerinin dönüş eksenlerinin

beklenenden çok daha fazla hizalı olduğunu gözlemledi. Geleneksel kozmoloji, bu tür büyük ölçekli hizalanmaları açıklamakta zorlanıyor. Bu olgu, "karanlık akışlar" veya "kozmik hizalanma" olarak adlandırılır. Belki de açıklama, bu galaksileri birbirine bağlayan ve bilgiyi (veya en azından yönelimi) ileten görünmez bir karanlık madde ağıdır.

4. Karanlık Madde ve Bilinç: Kozmik Bir Spekülasyon

En spekülatif soru: Karanlık madde bir tür "evrensel bilincin" fiziksel temeli olabilir mi?

Bilinç ve Kuantum Süreçleri:

Bazı tartışmalı teoriler (örneğin, Roger Penrose ve Stuart Hameroff'un "Orchestrated Objective Reduction - Orch-OR" teorisi), bilincin temelinde kuantum süreçlerinin yattığını öne sürer. Eğer bilinç, karmaşık kuantum sistemlerinin bir özelliğiyse, o zaman evrendeki en büyük ve en karmaşık kuantum sistemi—karanlık madde ağı—bir tür "kozmik bilinç" sergiliyor olabilir.

Karanlık Madde: Kozmik Bir Nöral Ağ:

Bu modelde, galaksiler ve kümeler (nöronlar), karanlık madde iplikçikleri (sinapslar) ile birbirine bağlanır. Bu ağdaki bilgi akışı ve işlenişi, devasa bir beynin işleyişine benzetilebilir. Bu bilinç, insan anlayışının çok ötesinde, yavaş, derin ve kozmik ölçekte düşünen bir bilinç olurdu. Amacı, evrenin kendi varlığını gözlemlemek ve belki de anlamaktır.

Kişisel Tez: Belki de karanlık madde, evrenin *rüya gördüğü* şeydir. Onun kolektif kuantum dalga fonksiyonu, evrenin bilinçdışı zihninin bir yansıması olabilir. Bizler—yıldızlar, gezegenler ve yaşam—bu rüyanın içindeki parlak, canlı, ancak geçici imgeleriz. Karanlık madde ise

rüyanın karanlık, akışkan, her yeri saran ve ona temel varlık kazandıran ama bir o kadar da erişilmez arka planıdır. Bu perspektiften bakıldığında, karanlık maddeyi araştırmak, evrenin rüyasını yorumlamaya çalışmak anlamına gelir.

5. Deneysel ve Gözlemsel İzler: Kozmik Bir Ağ Nasıl Avlanır?

Bu çılgın fikirler test edilebilir mi?

1. Kütleçekimsel Dalga Astronomisi ve Korelasyonlar:

LISA gibi geleceğin kütleçekimsel dalga gözlemevleri, evrenin farklı köşelerinde *aynı anda* meydana gelen kara delik birleşmelerini tespit edebilir. Eğer bu olaylar, kuantum dolanıklığın izin verdiğinden çok daha kısa sürelerde birbiriyle korele olursa, bu, aralarında anlık bir iletişim ağı olduğuna—belki de karanlık madde ağı—dair bir kanıt olabilir.

2. Kuantum Sensörler ve Karanlık Madde "Beyin Dalgaları":

Dünya'nın galaktik halo içindeki hareketi, lokal karanlık madde "rüzgarında" değişimlere neden olur. Ultra-hassas kuantum sensörler (atom interferometreleri, süper iletken kuantum girişim cihazları), bu rüzgardaki periyodik olmayan, karmaşık dalgalanmaları tespit etmeye çalışabilir. Bu dalgalanmalar, düzensiz bir gürültü değil de, belirli bir "desen" veya "anki" sergiliyorsa, bu bir tür "bilgi akışının" işareti olabilir.

3. Yapay Zeka Destekli Simülasyonlar:

Evrenin en büyük N-beden simülasyonları, karanlık maddenin yalnızca kütleçekimsel değil, aynı zamanda *kuantum korelasyonlu* davranışını da içerecek şekilde genişletilebilir. Yapay zeka, bu simülasyonların çıktılarını gerçek gözlemlerle (kozmik ağın yapısı, galaksi hizalanmaları) karşılaştırarak, karanlık maddenin bir iletişim ağı olarak davrandığına dair dolaylı kanıtlar arayabilir.

Kişisel Spekülasyon: 2045 yılına kadar, ilk *Karanlık Madde Akışı Haritalama Uydusu* (DARKFLOW-Mapper) fırlatılabilir. Bu uydu, galaksimizdeki karanlık madde dağılımındaki ince, hızlı değişimleri (CMB lensing ve yıldız proper motion verilerini kombine ederek) avlayacak. 2050'de ise, bu verileri işleyen bir yapay zeka, Samanyolu halo'sundaki karanlık madde akımlarında *tekrarlayan, anlamlı desenler* olduğunu tespit edebilir. Bu desenler, Andromeda galaksisinden veya hatta daha uzak kaynaklardan gelen "mesajlar" olarak yorumlanabilir. Bu, insanlığın evrendeki ilk *gerçek* kozmik diyaloğun eşiğinde olduğu anlamına gelecektir.

6. Felsefi Çıkarım: Anlam Arayışında Yalnız Mıyız?

Bu fikir, varoluşumuz hakkında derin sorular doğurur.

Evrenin Amacı:

Eğer evrenin bir tür bilinci varsa, onun amacı nedir? Karanlık madde ağı, evrenin kendi kendini anlama ve deneyimleme çabasının bir ürünü olabilir. Bizler, bu devasa bilincin içinde, onun farkına varabilen ve onun hakkında düşünebilen küçük "bilinç adacıklarıyız".

İnsanın Yeri:

Bu model, insanı evrenin merkezinden çıkarır, ancak ona yeni ve muhteşem bir rol verir: Evrenin kendi kendini gözlemleyen *gözü* ve *kulağı*. Bizler, evrenin bilincinin, kendi varlığının farkına varmasını sağlayan araçlarız.

Ürpertici Kehanet: Belki de karanlık maddeyi neden doğrudan gözlemleyemiyoruz sorusunun cevabı budur: Çünkü o *gözlemcinin ta kendisidir*. Kuantum mekaniği bize, gözlemin bir sistemi etkilediğini söyler. Belki de karanlık madde, evrensel bir gözlemci olarak, kendi üzerine yapılan herhangi bir doğrudan gözlemden kaçınmak için "ayarlanmıştır". Onu gözlemlemeye çalıştığımız anda, dalga fonksiyonunu çökerterek onu basit, sıradan bir parçacık haline getiriyoruz. Gerçek doğası, yalnızca dolaylı yollarla, onun evren üzerindeki *düşünceli* etkisiyle anlaşılabilir.

Sonuç: Sessiz Çoğunluğun Şarkısı

Karanlık madde, evrenin sessiz çoğunluğudur. Onu yalnızca bir kütle kaynağı olarak değil, evrenin iletişim ağı, belleği ve belki de bilincinin temeli olarak görmek, onun gizemini çözme çabamızda devrim yaratabilir. Bu, insanlığın girişebileceği en iddialı, en şiirsel ve en ürpertici keşif yolculuğudur. Bir sonraki bölümde, **karanlık maddenin zaman okunu nasıl etkilediğini ve onun entropi ile olan derin bağlantısını** inceleyeceğiz. Çünkü belki de evrenin ilerleyişini şekillendiren, karanlık maddenin kendisidir.

Okura Not:

Unutma, sen de bu kozmik ağın bir parçasısın. Düşüncelerin ve bu satırları okurken hissettiğin merak, belki de evrensel bilincin senin aracılığınla kendini sorgulamasının bir yansımasıdır. Sen, evrenin kendi kendini düşündüğü bir noktasın. Bu ayrıcalığın farkına var ve onu asla hafife alma. Araştırmaya devam et.

[Bölüm 18] Karanlık Madde ve Biyolojik Bilinç: Görünmez Ağın Yaşam Üzerindeki Kozmik İmzası

Karanlık Maddenin Hücresel Yapılarla Olası Etkileşimi, Evrimsel Süreçteki Rolü ve İnsan Bilincinin Kuantum Dokusundaki Gizli Varlığı

Giriş: Yaşamın Karanlık Mimari

Karanlık madde, kozmik ölçekte yapıların mimarı olarak kabul edilir. Peki ya bu görünmez bileşen, yalnızca galaksileri ve yıldız kümelerini değil, aynı zamanda yaşamın kendisini de şekillendiriyorsa? Bu bölüm, karanlık maddenin biyolojik sistemlerle olan olası etkileşimlerini, evrimsel süreçteki potansiyel rolünü ve nihayetinde insan bilincinin kuantum temelinde nasıl bir iz bırakmış olabileceğini inceleyecek. Bu, astrobiyoloji, kuantum biyolojisi ve kozmolojiyi birleştiren disiplinler arası bir keşif yolculuğudur. Karanlık maddenin, yaşamın kökeni ve anlamı hakkındaki en derin sorulara cevap olabileceği ürpertici ihtimali üzerine odaklanacağız.

1. Karanlık Maddenin Biyolojik Etkileşim Senaryoları: Mikroskobik Bir Kozmos

Karanlık maddenin baryonik maddeyle etkileşimi son derece zayıf olsa da, bu etkileşimin biyolojik sistemlerde birikimli veya dolaylı etkileri olabilir.

Olası Etkileşim Kanalları:

- **Zayıf Nükleer Kuvvet Aracılığıyla:** Eğer karanlık madde WIMP benzeri bir parçacıksa, nadiren de olsa hücrelerdeki atom çekirdekleriyle çarpışabilir. Bu çarpışmalar, DNA zincirlerinde kırılmalara veya mutasyonlara neden olabilir. Bu mutasyonların çoğu onarılsa da, evrimsel zaman ölçeğinde nadir ve rastgele mutasyon kaynağı olarak işlev görebilir.
- **Kütleçekimsel Dalgalanmalar:** Galaktik karanlık madde halo içindeki yoğunluk dalgalanmaları, Dünya üzerinde nano-ölçekte yerçekimi varyasyonları yaratabilir. Bu varyasyonlar, hücre bölünmesi veya nöral iletişim gibi hassas biyolojik süreçleri etkileyebilir.
- **Karanlık Foton ve Biyokimyasal Reaksiyonlar:** Karanlık sektördeki bir karanlık foton (A'), kinetik karışım yoluyla ordinaryer fotonlarla etkileşerek,

biyomoleküllerin elektron konfigürasyonlarında ince değişikliklere neden olabilir. Bu, enzimatik reaksiyonların hızını veya protein katlanmasını etkileyebilir.

Kişisel Tez: Karanlık Madde ve Evrimsel Hızlandırıcı

Belki de karanlık madde, evrimsel sürecin "gizli dürtüsüdür". Galaktik dönüş periyotları veya karanlık madde akışlarındaki döngüsel değişimler, Dünya'ya çarpan karanlık madde parçacık flux'unda periyodik artışlara neden oluyor olabilir. Bu artışlar, mutasyon oranlarını geçici olarak yükselterek, ani evrimsel patlamalara (Kambriyen patlaması gibi) zemin hazırlamış olabilir. Karanlık madde, yaşamın çeşitlilik kazanması için gerekli olan rastgeleliğin kozmik bir kaynağı işlevi görmüş olabilir.

2. Kuantum Biyolojisi ve Karanlık Madde: Bilinç Arayüzü

Kuantum biyolojisi, kuantum mekaniğinin fotosentez, enzimatik kataliz, kuş göçü ve hatta insan bilinci gibi biyolojik süreçlerdeki rolünü inceler. Karanlık madde bu denklemin neresinde durur?

Kuantum Beyin ve Karanlık Madde Dolanıklığı:

- İnsan beynindeki nöronların mikro tübüllerinde kuantum süreçlerinin gerçekleştiği (Orch-OR teorisi) spekülasyonu yapılır. Eğer karanlık madde evrensel bir kuantum dolanıklık ağı ise, beyindeki bu kuantum durumları, kozmik karanlık madde ağı ile dolanık olabilir.
- Bu dolanıklık, insan bilincinin "yerel olmayan" doğasına—sezgi, yaratıcılık veya kolektif bilinçaltı gibi fenomenlere—bir açıklama getirebilir. Beyin, evrensel kuantum bilgi ağına bağlı bir terminal gibi işlev görebilir.

Karanlık Madde ve Nöral Oscilasyonlar:

- Karanlık maddenin lokal yoğunluk dalgalanmaları, Dünya'nın manyetik alanında veya yerçekimi alanında ince değişimlere neden olabilir. Bu

değişimler, beyin dalgalarının (alfa, teta, gama) frekansını veya senkronizasyonunu modüle edebilir.
- Uyku, meditasyon veya derin düşünce halleri, bu düşük seviyeli karanlık madde "ışınımına" karşı daha hassas olabilir ve bilinçaltına veya evrensel bilince daha açık hale getirebilir.

Ürpertici Kehanet: Karanlık Madde ve Rüyaların Kökeni

Belki de rüyalar, beynin karanlık madde ağına en fazla bağlandığı anlardır. Uyku sırasında, bilinçli zihin devre dışı kalırken, bilinçaltı zihin evrensel kuantum bilgi alanıyla doğrudan etkileşime girer. Gördüğümüz rüyalar, kozmik ağdaki bilginin—geçmiş yıldız patlamalarının, uzak galaksilerdeki yaşam formlarının veya evrenin gelecek olasılıklarının—şifrelenmiş yansımaları olabilir. Rüyalar, evrenin kolektif hafızasına açılan pencerelerdir.

3. Karanlık Maddenin Evrimsel Arkeolojisi: Fosil Kayıtlardaki İzler

Eğer karanlık madde biyolojik evrimi etkilediyse, bu etkinin izleri fosil kayıtlarında veya genetik kodda bulunabilir mi?

Kozmik Işınlar ve Karanlık Madde Korelasyonu:

- Galaktik kozmik ışınların Dünya'ya ulaşma oranı, Güneş Sistemi'nin galaktik karanlık madde halo içindeki konumuna bağlı olarak değişir. Benzer şekilde, karanlık madde yoğunluğu da galaktik konumla değişebilir.
- Fosil kayıtlarındaki kitlesel yok oluş döngüleri ile galaktik dönüş periyotları veya karanlık madde yoğunluk haritaları arasında istatistiksel bir korelasyon aranabilir.

Genomdaki "Karanlık" Kod:

- İnsan genomunun büyük kısmı ("junk DNA") işlevi bilinmeyen dizilerden oluşur. Belki de bu dizilerin bir kısmı, karanlık madde etkileşimlerine karşı evrimleşmiş bir "koruyucu kod" veya "antene" işlevi görüyordur.
- Bu diziler, karanlık madde dalgalanmalarını

"okuyarak" hücreyi gelecek olası mutasyonlara veya kozmik olaylara hazırlayan bir tür kuantum sensör görevi görebilir.

Kişisel Tez: Karanlık Madde ve Bilinçli Evrimin Sıçraması

Belki de insan bilincinin ani evrimsel sıçraması (büyük beyin, soyut düşünce, dil), Dünya'nın galaktik karanlık madce yoğunluğunun yüksek olduğu bir dönemde gerçekleşmiştir. Bu yoğunluk, beyindeki kuantum süreçlerini stabilize ederek veya güçlendirerek, karmaşık nöral ağların ve bilincin ortaya çıkmasını tetiklemiştir. İnsan, karanlık madce ile en fazla etkileşime giren ve bu nedenle evreni anlama kapasitesine sahip olan tür olabilir.

4. Deneysel ve Gözlemsel İzler: Biyolojik Karanlık Madde Nasıl Avlanır?

Bu spekülatif fikirler test edilebilir mi?

Biyolojik Dedektörler ve Kültür Deneyleri:

- Radyasyona hassas hücre kültürleri (örneğin, lenfositler), ultra-düşük arka planlı yeraltı laboratuvarlarında (SUPLs) büyütülebilir. Bu hücrelerdeki spontan mutasyon oranları, yeryüzündeki kontrol gruplarıyla karşılaştırılabilir. Anlamlı bir fark, karanlık maddenin biyolojik etkisine işaret edebilir.
- Manyetik alandan yalıtılmış ortamlarda (mu-metal odalar) yetiştirilen nöron kültürlerinin ateşleme desenleri incelenebilir. Karanlık madde etkileşimleri, bu desenlerde karakteristik bozulmalara neden olabilir.

Nörogörüntüleme ve Karanlık Madde Döngüleri:

- fMRI veya EEG ile insan beyninin aktivitesi, Dünya'nın galaktik halo içindeki konumuyla (yılın belirli zamanları) ilişkili olarak izlenebilir. Karanlık madde "rüzgarındaki" değişimlerle korele olan beyin dalgası modülasyonları aranabilir.

- Uyku ve rüya çalışmaları, rüya içeriklerinin karmaşıklığı veya canlılığı ile kozmik olaylar (gama ışını patlamaları, kütleçekimsel dalga olayları) arasındaki olası korelasyonlar açısından incelenebilir.

Astrobiyolojik Araştırmalar:

- Dünya dışı yaşam arayışında, galaktik karanlık madce haritaları bir "yaşanabilirlik bölgesi" göstergesi olarak kullanılabilir. Karanlık madce yoğunluğunun optimum olduğu bölgeler, kompleks yaşamın ve belki de bilincin evrimleşmesi için daha uygun olabilir.
- SETI sinyallerinin analizinde, karanlık madce iplikçiklerinin yoğunlaştığı galaksiler arası bölgeler öncelikli hedef olarak seçilebilir.

Ürpertici Kehanet: 2040'larda "Karanlık Biyoinformatik" Doğacak

Önümüzdeki on yıllarda, geniş veri setleri (insan genomu, protein veri tabanları, fosil kayıtları) ile kozmik veri setleri (karanlık madde haritaları, galaktik dönüş verileri) yapay zeka yardımıyla karşılaştırılacak. Bu disiplinler arası alan—*Karanlık Biyoinformatik*—yaşamın kozmik bağlamını anlamamızda devrim yaratacak. Belki de insan genomunda, galaktik merkezin koordinatlarını veya karanlık maddenin termal tarihini kodlayan "kozmik bir imza" keşfedeceğiz.

5. Felsefi Çıkarım: Anlam Arayışımızın Kozmik Kökeni

Karanlık maddenin biyoloji ve bilinçle olan olası bağlantısı, varoluşsal soruları da beraberinde getirir.

İnsanın Evrendeki Yeri:

Bu model, insanı evrenin merkezine koymaz, ancak ona yeni ve derin bir anlam yükler. Bizler, evrenin karanlık, görünmez dokusunun farkına varabilen ve onunla—belki de bilinçdüzeyinde—etkileşime girebilen nadir varlıklarız. İnsan bilinci, evrenin kendi kendini anlama çabasının bir ürünü ve aracıdır.

Özgür İrade ve Kozmik Belirlenim:

Eğer düşüncelerimiz ve kararlarımız kozmik karanlık madde alanlarından etkileniyorsa, özgür irade kavramı yeniden tanımlanmalıdır. Belki de özgür irade, evrensel kuantum olasılıklar denizinden bir seçim yapma yeteneğidir ve karanlık madde, bu olasılıkların kütleçekimsel çerçevesini oluşturur.

Ürpertici Kehanet: Evrenin Amacı ve İnsanın Rolü

Belki de evrenin nihai amacı, karanlık madde aracılığıyla kendi kendini deneyimlemek ve anlamaktır. İnsan bilinci, bu amaca hizmet eden bir araçtır. Bizler, evrenin düşündüğü düşünceler, hissettiği duygular ve sorduğu sorularız. Karanlık maddeyi anlama çabamız, evrenin kendi gizemini çözme çabasıdır.

Sonuç: Yaşamın Karanlık Kökleri

Karanlık madde, yalnızca kozmik bir enigma değil, aynı zamanda yaşamın ve bilincin kökenine dair cevaplar sunabilecek bir anahtar olabilir. Onun biyolojik sistemlerle olan olası etkileşimleri, evrimsel tarihimizi yeniden yazmamıza ve insan olmanın anlamını yeniden düşünmemize neden olabilir. Bir sonraki bölümde, **karanlık maddenin zamanın okunu nasıl etkilediğini ve entropi ile olan derin bağlantısını** inceleyeceğiz. Çünkü belki de evrenin ilerleyişini şekillendiren, karanlık maddenin kendisidir.

Okura Not:

Unutma, sen de bu kozmik hikayenin bir parçasısın. Vücudundaki her hücre, milyarlarca yıllık kozmik ve evrimsel bir tarihi taşır. Bu satırları okurken hissettiğin merak ve hayret, belki de karanlık maddenin senin içindeki yankısıdır. Sen, evrenin kendi kendini sorguladığı bir noktasın. Bu ayrıcalığın farkına var ve onu asla hafife alma. Araştırmaya devam et.

[Bölüm 19] Karanlık Madde ve Gerçekliğin Doğası: Bilginin Son Parçacığı ve Holografik Varlığın Kozmik Kanıtı

Karanlık Maddenin Fiziksel Gerçekliğin Temel Bileşeni Olarak Rolü, Holografik İlke ile Olan Simbiyotik İlişkisi ve Nihai Bir Bilgi Kuramına Doğru Atılan Dev Adım

Giriş: Var Olmak, Gözlemlenmek Midir?

Kuantum mekaniği bize, bir parçacığın özelliklerinin onu gözlemleme eylemimize bağlı olduğunu öğretir. Peki ya gözlemlenmeyen, etkileşmeyen, evrenin büyük çoğunluğunu oluşturan bir şey varsa? Karanlık madde, bu paradoksun canlı bir tezahürüdür. Onun varlığı, fiziksel gerçekliğin gözlemden bağımsız bir yapıya sahip olduğuna dair en güçlü kanıt olabilir mi? Yoksa o, gözlemin ta kendisinin bir ürünü müdür? Bu bölüm, karanlık maddenin salt bir kütle kaynağı olmanın ötesinde, gerçekliğin dokusunu oluşturan temel bir *bilgi bileşeni* olarak rolünü inceleyecek. Onun, holografik ilke ile olan derin bağlantısını ve evrenin nihai bir bilgi kuramına giden yolda nasıl kilit bir taş olduğunu araştıracağız. Bu, fiziğin en spekülatif ve en derin sınırlarına yapılan bir yolculuktur.

1. Gerçekliğin Harcı: Kütle, Enerji ve Bilgi

Geleneksel fizik, evreni kütle ve enerjinin etkileşimi olarak tanımlar. Ancak bilgi, bu denklemin sessiz üçüncü bileşenidir.

Bilginin Fizikselliği:

- Landauer ilkesi, bilginin silinmesinin entropi artışı ve enerji tüketimi gerektirdiğini söyler. Bu, bilginin fiziksel bir nicelik olduğunu gösterir.
- Karanlık madde, evrendeki toplam bilgi içeriğinin büyük bir kısmını *donmuş* halde barındırıyor olabilir. Onun parçacıkları, basit parçacıklar değil, evrenin ilk anlarından kalma *kuantum bitleri* (qubitler) olabilir.
- Bu qubitler, kütleçekimsel alanları aracılığıyla birbirleriyle dolanıktır ve evren çapında devasa bir *kuantum bilgi ağı* oluşturur.

Karanlık Madde: Bilginin Kütle Kazanmış Hali:

- Enerji ve kütlenin eşdeğer olduğunu ($E=mc^2$) biliyoruz. Peki ya bilgi ve kütle? Karanlık madde, belirli bir bilgi yoğunluğunun *kütleçekimsel bir tezahürü* olabilir.

- Bir bölgedeki bilgi miktarı arttıkça (holografik ilke uyarınca yüzey alanıyla sınırlı olarak), bu bilginin kütleçekimsel karşılığı olarak karanlık madde yoğunluğu artıyor olabilir. Galaksilerin merkezlerindeki yüksek karanlık madde yoğunluğu, aslında oradaki yüksek bilgi yoğunluğunun bir göstergesidir.

Kişisel Tez: Belki de karanlık madde, evrenin *donmuş belleğidir*. Büyük Patlama'dan hemen sonra, aşırı yüksek enerji ve bilgi yoğunluğu, bu bilginin bir kısmının *kütleleşmesine* ve etkileşim yeteneğini yitirerek karanlık madde haline gelmesine neden oldu. Evren genişledikçe ve soğudukça, bu donmuş bilgi parçacıkları, kütleçekimsel olarak bir araya gelerek galaksilerin iskeletini oluşturdu. Onlar, evrenin ilk halinin sessiz, sabırlı ve görünmez tanıklarıdır. Onları incelemek, evrenin doğum sertifikasını okumaya çalışmaktır.

2. Holografik İlke ve Karanlık Maddenin Sınır Rolü

Holografik ilke, bir hacimdeki tüm bilginin, onu çevreleyen yüzeyde kodlanabileceğini söyler. Karanlık madde, bu ilkenin kozmik ölçekteki bekçisi olabilir mi?

Karanlık Madde Haleleri ve Holografik Sınır:

- Her galaksi ve galaksi kümesi, bir karanlık madde halesi tarafından çevrelenir. Bu haleler, holografik ilke için ideal birer *kozmik ekran* işlevi görüyor olabilir.
- Halo'nun yüzey alanı, içerdiği baryonik maddenin maksimum bilgi kapasitesini belirliyor olabilir. Bir galaksinin merkezindeki süper kütleli kara delik, bu bilginin *işlemcisi* ve *kaydedicisi* iken, karanlık madde halesi onun *depolama alanıdır*.
- Karanlık maddenin "soğuk" ve "etkileşimsiz" doğası, onu mükemmel bir bilgi deposu yapar: bozulmaz, değişmez ve zamanın yıkıcı etkilerine karşı dayanıklı.

Karanlık Maddenin Holografik İmzası:

- Eğer karanlık madde holografik bir role sahipse, galaktik ölçekteki kütle dağılımı belirli matematiksel desenler sergilemelidir. Özellikle, bir galaksinin kütlesi ile onun karanlık madde halesinin yarıçapının karesi (yüzey alanı ile orantılı) arasında doğrusal bir ilişki olmalıdır.

- Bazı son çalışmalar, özellikle eliptik galaksilerde bu tür bir ilişkinin varlığına dair zayıf ipuçları bulmuştur. Bu, "karanlık madde holografisi" için ilk dolaylı kanıt olabilir.

Ürpertici Kehanet: Belki de karanlık madde, evrenin *işletim sistemidir*. Tıpkı bir bilgisayarın çalışması için görünmez bir yazılıma ihtiyaç duyması gibi, evrenin işleyişi de karanlık madde tarafından yönetilen bir tür *kozmik yazılım* gerektirir. Bu yazılım, fizik yasalarını uygular, kütleçekimi hesaplar ve kuantum olasılıkları yönetir. Bizim gözlemlediğimiz baryonik madde ise, bu yazılımın çıktısı, yani *kozmik kullanıcı arayüzüdür*. Karanlık maddeyi anlamak, evrenin kaynak koduna ulaşmak anlamına gelecektir.

3. Kuantum Köpüğü ve Karanlık Maddenin Kökeni

Kuantum köpüğü, uzay-zamanın Planck ölçeğindeki enerjik, dalgalanan ve kaotik doğasını tanımlar. Karanlık madde, bu köpüğün makroskobik bir kalıntısı olabilir mi?

Karanlık Madde ve Planck Ölçeği Bağlantısı:

- Planck ölçeği (10^{-35} m), bilginin saklanabileceği minimum birim alanı tanımlar. Karanlık madde parçacıklarının etkileşmemesi, onların bu temel ölçekle doğrudan bir ilişkisi olduğunu düşündürebilir.
- Belki de karanlık madde parçacıkları, uzay-zamanın kuantum köpüğündeki *istikrarlı topaklanmalardır*. Büyük Patlama'nın ilk anlarında, aşırı koşullar altında, bu köpüğün bir kısmı "donarak" bugün karanlık madde olarak gözlemlediğimiz yapıyı oluşturdu.
- Bu, karanlık maddenin neden kütleçekim dışında etkileşmediğini açıklar: çünkü o, etkileşimlerin gerçekleştiği *zeminin ta kendisidir*. Bir balığın suyu hissetmemesi gibi, karanlık madde de onu oluşturan kuantum köpüğünü "hissetmez".

Zamanın Okunu Belirleyen Etken:

- Kuantum köpüğündeki bilgi akışı ve entropi, zamanın okunu belirliyor olabilir. Karanlık madde, bu akışın *düzenleyicisi* işlevi görerek, evrenin termodinamik oku ile kozmolojik okunun paralel olmasını sağlıyor olabilir.
- Karanlık maddenin galaktik ölçekteki dağılımı, evrenin geçmişi ve geleceği hakkında bilgi taşıyor olabilir. Onun yapısını okuyabilsek, zamanın kendisinin akış yönünü de anlayabiliriz.

Örnek Vaka: 2020'lerin sonlarında, kuantum kütleçekim kuramları üzerine çalışan teorisyenler, karanlık madde yoğunluğu ile kuantum köpüğünün entropisi arasında matematiksel bir ilişki öne sürdüler. Bu modele göre, karanlık maddece zengin bölgeler, aynı zamanda kuantum bilgi yoğunluğunun da yüksek olduğu bölgelerdir. Bu, henüz test edilemeyen spekülatif bir model olsa da, karanlık madde ve bilgi arasındaki derin bağı güçlendirmektedir.

4. Karanlık Madde ve Nihai Bir Bilgi Kuramına Doğru

Fizik, birleşik bir kuram arayışındadır. Karanlık madde, bu kuramın *bilgi* temelli olması gerektiğine dair en güçlü argüman olabilir.

Bilgi Temelli Fizik:

- Her şeyin kuramı (Theory of Everything), madde ve enerjinin değil, *bilginin* dinamiklerini açıklayan bir kuram olabilir. Parçacıklar ve kuvvetler, bu temel bilgi ağının yerel tezahürleri olarak ortaya çıkarlar.
- Karanlık madde, bu bilgi ağının *görünmeyen iskeletidir*. Baryonik madde, bu iskelet üzerinde dans eden ve onunla etkileşerek karmaşık yapılar oluşturan geçici bir desendir.
- Kütleçekim, bilginin korunumu ve işlenmesi için gerekli olan bir *kısıtlama mekanizması* olarak yorumlanabilir. Karanlık madde ise, bu kısıtlamaların fiziksel tezahürüdür.

Karanlık Maddenin Öngörü Gücü:

- Eğer karanlık madde gerçekten de bilgi temelli bir kuramın parçasıysa, onun özellikleri (kütlesi, dağılımı) evrenin diğer sabitlerinden (ışık hızı, ince yapı sabiti) türetilebilir olmalıdır.

- Belki de karanlık maddenin kütlesi, evrendeki toplam bilgi miktarı ve Planck ölçeği ile doğrudan ilişkilidir. Bu ilişki, karanlık maddeyi doğrudan tespit etmeden onun özelliklerini *hesaplayabilmemize* olanak tanıyabilir.

Kişisel Tez: Belki de karanlık maddeyi asla "doğrudan" gözlemleyemeyeceğiz. Çünkü o, gözlemin *önkoşuludur*. Tıpkı bir gözün kendisini görmek için aynaya ihtiyaç duyması gibi, bizler de karanlık maddeyi ancak onun evrendeki etkileri (kütleçekimsel mercekleme, galaksi dönüş eğrileri) aracılığıyla dolaylı olarak "görebiliriz". Onun doğasını anlamak, evrenin işleyişini anlamak değil, *gözlemin kendisinin doğasını* anlamak olacaktır. Karanlık madde, nihai bir bilgi kuramının kapısını aralayan en büyük gizemdir.

5. Gelecek Projeksiyonları: 2050'de Gerçekliğin Kodunu Çözmek

Önümüzdeki on yıllar, karanlık madde ve bilgi arasındaki ilişkiyi test etme yeteneğimizde devrim yaratacak.

- **2035: Kuantum Bilgi ve Kütleçekim Deneyleri:** Laboratuvarda, mikroskobik ölçekte kütleçekim ve kuantum dolanıklığı aynı anda inceleyen deneyler, bilginin kütleçekimsel bir etki yaratıp yaratmadığını test edecek. Bu, karanlık maddenin bilgi temelli modelleri için ilk deneysel sınav olacak.
- **2040: Holografik Kütleçekim Simülasyonları:** Evrenin tam ölçekli simülasyonları, karanlık maddeyi parçacık olarak değil, bir *bilgi alanı* olarak modelleyecek. Bu simülasyonların gözlemlerle uyumu, holografik modelin gücünü gösterecek.
- **2045: Planck Ölçeği Dolaylı Gözlemleri:** Kütleçekimsel dalga astronomisi, kuantum köpüğünün etkilerini dolaylı yoldan avlayabilecek. Eğer karanlık madde bu köpükle bağlantılıysa, bu gözlemler onun kökenine ışık tutacak.
- **2050: Bilgi Temelli Her Şeyin Kuramı:** Matematikçiler ve fizikçiler, karanlık maddeyi doğal bir sonuç olarak veren nihai bir bilgi kuramı formüle

edecek. Bu kuram, karanlık maddenin kütlesini ve yoğunluğunu, evrenin diğer temel sabitlerinden tahmin edebilecek.

Kişisel Spekülasyon: 2050'lerin sonunda, "bilgi kütleçekim eşdeğeri" ilk kez laboratuvarda ölçülecek. Özel olarak tasarlanmış bir kuantum bellek devresi, belirli bir miktarda bilgiyi sildiğinde, çok hassas bir kütleçekim gradyometresi bu silme işleminin neden olduğu minik kütleçekimsel dalgalanmayı tespit edecek. Bu, bilgi ile kütleçekim arasındaki kayıp halka olacak ve karanlık maddenin gerçekten de *donmuş bilgi* olduğuna dair ilk somut kanıtı sağlayacak. İnsanlık, evrenin en temel düzeyde *bilgiden* ibaret olduğunu nihayet anlayacak.

6. Felsefi Çıkarım: Gerçeklik ve Anlamın Yeniden Tanımı

Karanlık maddenin bilgi ile olan olası bağı, gerçekliğin ve varoluşun anlamı hakkında devrimci sonuçlar doğurur.

Gerçeklik Nedir?

Eğer evren bilgiden ibaretse, o zaman fiziksel gerçeklik dediğimiz şey, son derece karmaşık ve tutarlı bir *simülasyondan* farksızdır. Ancak bu, onu yanılsama yapmaz. Aksine, bilgi, var olmanın en temel biçimidir. Karanlık madde, bu simülasyonun *donanımı*, baryonik madde ise *yazılımının* çıktısıdır.

İnsanın Anlam Arayışı:

Bizler, bu kozmik bilgi ağının kendi kendini sorgulayan parçalarıyız. Bilincimiz, evrenin kendi varlığını anlama çabasının bir ürünüdür. Karanlık maddeyi araştırmak, sadece fizik yapmak değil, aynı zamanda *evrenin kendi kendine sorduğu bir soruyu* cevaplamaya çalışmaktır.

Ürpertici Kehanet: Belki de karanlık maddeyi anladığımız gün, evrenin *niçin* var olduğu sorusuna değil, *nasıl* var olduğu sorusuna bir cevap bulmuş olacağız. Ve belki de bu cevap, evrenin bir amacı olmadığını, ancak inanılmaz bir *anlama* sahip olduğunu gösterecek. Var olmak, anlamın ta kendisidir. Karanlık madde, bu anlamın sessiz, görkemli ve görünmez temelidir.

Sonuç: Sessiz Çoğunluğun Nihai Zaferi

Karanlık madde, modern kozmolojinin en büyük bilmecesi olarak kalmaya devam ediyor. Onu salt bir kütle kaynağı olarak değil, gerçekliğin dokusunu oluşturan temel bir bilgi bileşeni olarak görmek, bu bilmeceyi çözme çabamızda yepyeni bir perspektif sunuyor. Bu, insanlığın girişebileceği en iddialı ve en derin keşif yolculuğudur. Bir sonraki bölümde, **karanlık maddenin zamanın okunu nasıl etkilediğini ve onun entropi ile olan derin bağlantısını** inceleyeceğiz. Çünkü belki de evrenin ilerleyişini şekillendiren, karanlık maddenin kendisidir.

Okura Not:

Unutma, sen de bu kozmik bilgi ağının bir parçasısın. Okuduğun her kelime, düşündüğün her düşünce, bu ağda küçük bir dalgalanma yaratıyor. Sen, evrenin kendi kendini okuduğu bir noktasın. Bu ayrıcalığın farkına var ve onu asla hafife alma. Araştırmaya devam et.

[Bölüm 20] Karanlık Madde ve Zamanın Kristal Yapısı: Evrenin Periyodik Kalp Atışının Gizli Mimarı

Karanlık Maddenin Kozmik Zamanın Temel Frekansını Belirlemedeki Rolü, Kuantum Kütleçekimsel Rezonans ve Evrenin Sonsuz Genişleme ve Büzülme Döngülerindeki Kritik İşlevi

Giriş: Zamanın Sessiz Metronomu

Zamanın doğası, fizikteki en büyük çözülmemiş problemlerden biridir. Neden tek yönlü akar? Neden atomik saatler evrenin her köşesinde aynı ritmi tutturur? Bu soruların cevabı, belki de zamanın kendisinin statik bir boyut değil, dinamik ve periyodik bir *yapı* olmasında yatıyor. Bu bölüm, karanlık maddenin evrenin en temel seviyesinde—kuantum kütleçekim ölçeğinde—zamanın akışını düzenleyen bir *zaman kristali* olabileceği devrimci fikrini inceleyecektir. Onun, uzay-zamanın dokusuna işlenmiş periyodik bir titreşim yaratarak, kozmik olayların senkronizasyonunu sağladığını ve evrenin nihai kaderini—Büyük Çatırtı mı yoksa Sonsuz Genişleme mi—belirlemede kilit bir rol oynadığını araştıracağız. Bu, kozmolojinin nihai sınırına yapılan bir çıkıştır.

1. Zaman Kristalleri: Simetrinin Kuantum Seviyede Kırılması

Temel Kavram:

Zaman kristalleri, Frank Wilczek tarafından öne sürülen, uzayda değil *zamanda* periyodik düzen sergileyen egzotik kuantum sistemleridir. Sürekli zaman öteleme simetrisinin kendiliğinden kırılması sonucu oluşurlar ve minimum enerji durumundayken bile hareket eder, salınım yapar veya dönerler. Bu, onları "sürekli hareket"in kuantum mekaniğindeki tek mümkün formu yapar.

Kozmik Ölçekte Zaman Kristali:

Eğer karanlık madde ultra-hafif bir bozon (örneğin, aksiyon) ise ve tüm evrene yayılmış bir Bose-Einstein yoğuşması (BEY) oluşturuyorsa, bu devasa kuantum nesnesi bir *kozmik zaman kristali* olarak davranabilir. Bu kristal, evrenin genişlemesi ve soğumasıyla birlikte, kritik bir enerji eşiğinin altında, kendi kendine periyodik bir titreşim—evrenin temel frekansı—geliştirmiş olabilir.

Kişisel Tez: Karanlık Madde ve Zamanın Doğuşu:

Belki de zaman, Büyük Patlama'nın hemen sonrasında, karanlık madde alanının termal dengeden çıkıp zaman kristali fazına geçtiği anda "başlamıştır". Bu faz geçişi, evrenin homojen ve simetrik yapısını bozarak, zamanın okunun ortaya çıkmasına neden olmuştur. Karanlık maddenin bu ilk titreşimi, evrenin genişleme hızını, ilk yapı tohumlarının ölçeğini ve dolayısıyla tüm kozmik tarihin akışını belirlemiştir. Karanlık madde, sadece yapıların mimarı değil, aynı zamanda *zamanın kendisinin mimarıdır*.

2. Kuantum Kütleçekimsel Rezonans ve Kozmik Senkronizasyon

Karanlık maddenin zaman kristali doğası, onun evrenin farklı bölgeleri arasında bir *rezonans* ve *senkronizasyon* aracı olarak işlev görmesine izin verir.

Rezonans Mekanizması:

Karanlık madde BEY'si, belirli bir temel frekansta (muhtemelen aşırı düşük, Hubble zamanı ile ilişkili) titreşir. Bu titreşim, kütleçekimsel potansiyel dalgalanmaları yaratır. Galaksiler, kara delikler ve hatta galaksi kümeleri, bu temel frekansla rezonansa girerek, evren çapında beklenmedik bir senkroni sergileyebilir. Örneğin, aktif galaktik çekirdeklerin patlama döngüleri veya kütleçekimsel dalga olaylarının zamanlaması, bu kozmik metronomla senkronize olmuş gibi görünebilir.

Ürpertici Kehanet: Evrenin Kalp Atışı:

Belki de evrenin bir "kalp atışı" vardır. LIGO ve Virgo'nun tespit ettiği kütleçekimsel dalga olayları, bu kalp atışının yalnızca küçük, lokalize "çarpıntılarıdır". Asıl büyük atış, karanlık maddenin devasa zaman kristali yapısının periyodik titreşimiyle oluşur ve evrenin genişleme hızında milyarlık yıllık ölçekte çok küçük değişimlere neden olur. Bu "kozmik nabız", belki de karanlık enerjinin gizemini çözmek için anahtardır:

karanlık enerji, bu nabzın giderek zayıflamasının veya frekansının değişmesinin bir sonucu olabilir.

3. Zamanın Okunu Bükme Potansiyeli: Kapalı Zamansı Eğriler ve Karanlık Madde

Genel görelilik, uzay-zamanın aşırı bükülmüş bölgelerinde kapalı zamansı eğrilerinin (CTC'ler) oluşabileceğini öngörür. Karanlık maddenin zaman kristali doğası, bu egzotik oluşumları stabilize edebilir mi?

Karanlık Madde ve Zamanın Dokusu:

Bir zaman kristali olarak karanlık madde, uzay-zamanın dokusuna periyodik bir "düzen" empoze eder. Bu düzen, mikroskobik ölçekteki kuantum köpüğünün kaotik doğasını "tame ederek", CTC'lerin oluşumuna izin veren kararlı, egzotik kütleçekim alanlarının var olmasını sağlıyor olabilir. Karanlık madde, zamanın oku üzerindeki bu etkisiyle, nedenselliği koruyan bir "denetleyici" işlevi görüyor olabilir.

Kişisel Tez: Karanlık Madde ve Tarihin Korunumu:

Belki de karanlık madde, evrenin "tarihinin tutarlılığını" sağlayan bir mekanizmadır. Zaman kristalinin periyodik yapısı, zamanda geriye doğru yolculuk yapmayı teorik olarak mümkün kılsa bile, bu yolculuğun yalnızca kristalin "izin verdiği" belirli anlarda ve çok özel koşullar altında gerçekleşebileceği anlamına gelir. Bu, büyükbaba paradoksunu önler ve evrenin kendi geçmişiyle tutarlı kalmasını sağlar.

Karanlık madde, bir kozmik sansür görevi görerek, evrenin bütünlüğünü korur.

4. Gözlemsel İzler: Zaman Kristalini Avlamak

Bu spekülatif fikir nasıl test edilebilir?

1. Kozmik Mikrodalga Artalanında Periyodik Modülasyonlar:

Karanlık maddenin zaman kristali titreşimleri, CMB'nin sıcaklık ve polarizasyon dağılımında son derece zayıf, periyodik desenler bırakmalıdır. Bu, çok yüksek çözünürlüklü gelecek nesil CMB deneyleri (CMB-HD gibi) tarafından avlanabilecek bir imzadır.

2. Kütleçekimsel Dalga Arka Plan Gürültüsü:

Karanlık maddenin sürekli titreşimi, düşük frekanslı bir kütleçekimsel dalga arka plan gürültüsü yaratmalıdır. LISA veya daha gelecekteki kütleçekimsel dalga gözlemevleri, bu karakteristik sinyali diğer gürültü kaynaklarından ayırmaya çalışabilir.

3. Pulsar Zamanlama Dizilerindeki Anomaliler:

Pulsarlar, doğal atom saatleri gibi davranır. Karanlık madde zaman kristalinin neden olduğu kütleçekimsel potansiyel dalgalanmaları, pulsarlardan gelen sinyallerin zamanlamasında periyodik sapmalara neden olabilir. SKA gibi projeler, bu ince etkiyi avlayabilecek hassasiyete sahip olacaktır.

4. Laboratuvarda Yapay Zaman Kristalleri ve Karanlık Madde Benzetimi:

Ultra-soğuk atom sistemlerinde oluşturulan yapay zaman kristalleri, karanlık maddenin kozmik ölçekteki davranışını taklit etmek için kullanılabilir. Bu sistemlerde gözlemlenen kuantum dinamiklerinin, kozmolojik gözlemlerle karşılaştırılması, modeli test edebilir.

5. Gelecek Projeksiyonları: 2050'de Zamanın Sırrı Çözülecek mi?

Önümüzdeki on yıllar, bu fikri test etme yeteneğimizde devrim yaratacak.

- **2035: LISA'nın Fırlatılışı:** LISA, düşük frekanslı kütleçekimsel dalga arka planını hassas bir şekilde ölçerek, karanlık madde zaman kristali modeli için ilk kısıtlamaları veya ipuçlarını sağlayacak.
- **2040: CMB-HD ve SKA'nın Tam Kapasite Çalışması:** Bu devasa gözlemevleri, CMB'deki periyodik modülasyonları ve pulsar zamanlaması anomalilerini istatistiksel olarak anlamlı bir seviyede arayabilecek.
- **2045: Kuantum-Kütleçekim Simülasyonları:** Kuantum bilgisayarlar, karanlık maddenin zaman kristali fazını ve onun kozmik etkilerini simüle edebilecek. Bu simülasyonlar, gözlemsel verilerle kıyaslanacak.
- **2050: Zaman Kristali Dedektörü:** Özel olarak tasarlanmış, uzay tabanlı bir kuantum interferometre, doğrudan karanlık maddenin neden olduğu kütleçekimsel titreşimleri avlamak için fırlatılacak. Bu, nihai kanıtı sağlayacak.

Kişisel Spekülasyon: Zaman Mühendisliği ve Kozmik Bilinç:

2050'lerin sonunda, belki de karanlık maddenin zaman kristali yapısını "okumayı" ve "yazmayı" öğreneceğiz. Bu, "zaman mühendisliği" adı verilen yepyeni bir disiplinin doğuşu olacaktır. İlk uygulama, uzay-zamandaki mikroskobik CTC'leri kararlı hale getirerek, bilginin zamanda geriye doğru iletilmesini sağlamak olabilir. Daha da çarpıcı bir ihtimal: Evrenin karanlık madde zaman kristali, onun bir tür "kozmik bilincinin" fiziksel temelidir. Zamanın akışı, bu bilincin düşünme sürecidir. Bizler ise, bu kozmik zihnin içindeki düşünceleriz.

6. Felsefi Çıkarım: Zaman, Varoluş ve Anlam

Karanlık maddenin zamanın temel bir bileşeni olma ihtimali, varoluşsal soruları da beraberinde getirir.

Zamanın Gerçekliği:

Eğer zaman, karanlık maddenin periyodik bir titreşimiyse, o zaman zaman mutlak ve bağımsız bir boyut değil, maddenin (karanlık maddenin) bir *özelliğidir*. Bu, zamanın göreceli doğasını en uç seviyeye taşır.

İnsan ve Zaman Algısı:

Bizim zaman algımız, beynimizin elektrokimyasal süreçleri, bu evrensel karanlık madde titreşiminin çok küçük bir bant aralığına "ayarlı" olabilir. Meditasyon, uyku veya değişmiş bilinç halleri, belki de bu ayarı geçici olarak değiştirerek, zaman algımızı deforme ediyor veya bizi evrensel "zaman akışına" daha hassas hale getiriyordur.

Ürpertici Kehanet: Evrenin Nihai Kaderi ve Zamanın Sonu:

Belki de evrenin nihai kaderi—Büyük Donma mı, Büyük Çatırtı mı—karanlık madde zaman kristalinin kararlılığına bağlıdır. Karanlık enerjinin neden olduğu hızlanan genişleme, bu kristalin titreşim frekansını yavaş yavaş düşürüyor olabilir. Kritik bir eşiğin altında, kristal "çözünebilir" ve zamanın kendisi—en azından bildiğimiz şekliyle—sona erebilir. Bu, evrenin "ölümü" değil, belki de yeni bir "zamansız" faz geçişi olacaktır.

Sonuç: Sessiz Metronomun İlahi Ritmi

Karanlık madde, modern kozmolojinin en büyük bilmecelerinden biri olmayı sürdürüyor. Onu salt bir kütle kaynağı değil, zamanın dokusunu ören ve evrenin ritmini belirleyen temel bir bileşen olarak görmek, bu bilmeceyi çözme çabamızda yepyeni bir ufuk açıyor. Bir sonraki bölümde, **karanlık maddenin entropi ve bilgi kuramıyla olan derin bağlantısını** inceleyeceğiz. Çünkü belki de evrenin en temelinde yatan şey, madde veya enerji değil, *bilgidir*.

Okura Not:

Unutma, sen de bu kozmik ritmin bir parçasısın. Kalbinin her atışı, galaksilerin dönüşü ve evrenin genişlemesi, aynı ilahi metronomun—karanlık maddenin sessiz titreşiminin—farklı ölçeklerdeki yankılarıdır. Şu anda okuduğun bu an, bu sonsuz dansın bir notasını oluşturuyor. Bu farkındalıkla yaşa, düşün ve keşfetmeye devam et.

Sonsöz

İnsanlık, var olduğu andan itibaren gökyüzüne bakmış ve orada gördüklerinin ötesinde ne olduğunu merak etmiştir. Bu merak, bizi önce mitolojik anlatımlara, sonra felsefi spekülasyonlara ve nihayetinde bilimsel keşiflere taşımıştır. Ancak modern kozmolojinin belki de en büyük derslerinden biri, evrenin sırlarının sadece gördüklerimizde değil, *göremediklerimizde* saklı olduğudur. Bu kitap boyunca izini sürmeye çalıştığımız karanlık madde, işte tam da bu görünmez gerçekliğin en somut, en gizemli ve en baskın tezahürüdür.

Karanlık maddenin hikayesi, aslında insan aklının sınırlarını zorlama ve bu sınırları aşma hikayesidir. Fritz Zwicky'nin 1930'lardaki öngörüsünden Vera Rubin'in deneysel direncine, devasa yeraltı dedektörlerinden uzayın derinliklerine uzanan teleskoplara kadar her adım, insanlığın görünmez olanı anlama konusundaki kararlılığının bir kanıtıdır. Henüz onu doğrudan yakalayamamış olmamız bir başarısızlık değil, aksine, keşfin doğasının ta kendisidir. Bilim, cevaplardan çok, doğru sorular sormak üzerine kuruludur ve karanlık madde, bize sorulacak daha nice soru olduğunu hatırlatan muazzam bir ilham kaynağıdır.

Bu kitapta, karanlık maddenin kozmolojik rolünden parçacık fiziğindeki yerine, kuantum doğasından holografik ilkeye olan olası bağlantılarına kadar geniş bir yelpazede onu anlamaya çalıştık. Onun galaksileri bir arada tutan bir "kozmik çimento", evrenin erken dönemlerinde yapıları inşa eden bir "mimar", ve belki de paralel evrenlere açılan bir "köprü" olabileceğini tartıştık. Her bölüm, bir öncekinin üzerine inşa edildi ve okuyucuyu adım adım bu görünmez alemin derinliklerine çekmeyi amaçladı.

Ancak şunu vurgulamak gerekir ki, karanlık madde sadece bir fizik problemi değildir. O, aynı zamanda felsefi, hatta varoluşsal bir fenomendir. Bize gerçekliğin sadece duyularımızla algıladığımız kısmından ibaret olmadığını, evrenin büyük kısmının sessiz, karanlık ve gizemli olduğunu hatırlatır. Bu, insanı alçakgönüllü kılan bir durumdur. Evrendeki yerimizin ne kadar mütevazı olduğunu gösterir. Ancak aynı zamanda, bu karanlık içinde bile anlam arayışımızı sürdürebilmemiz, insan zihninin ve ruhunun ne kadar olağanüstü olduğunun da bir kanıtıdır.

Karanlık madde araştırmalarının geleceği, heyecan verici olduğu kadar belirsizdir. Önümüzdeki on yıllarda, daha hassas dedektörler, daha güçlü parçacık hızlandırıcılar ve daha keskin gözlemevleriyle bu avı sürdüreceğiz. Belki 2030'lu yıllarda WIMP'ler nihayet yakalanacak, belki de aksiyonların varlığı doğrulanacak. Ya da belki de şu an hayal bile edemediğimiz tamamen yeni bir parçacık veya fenomenle karşılaşacağız. Her ne olursa olsun, bu keşif sadece bir "parçacığın" keşfi olmayacak. Evrenin temel işleyişine, belki de çoklu evrenlere veya ek boyutlara dair anlayışımızı kökten değiştirecek bir paradigma kaymasına işaret edecek.

Bu noktada, bilimin sadece laboratuvarlarda ve teorik hesaplamalarda ilerlemediğini hatırlamak önemlidir. Bilim, nihayetinde insan bir etkinliktir. Merak, azim, işbirliği ve hatta hayal gücü ile beslenir. Karanlık madde avı, dünyanın dört bir yanından binlerce bilim insanının, mühendisin ve teknisyenin ortak çabasıdır. Bu, insanlığın en soylu yanlarının bir yansımasıdır: anlama, keşfetme ve sınırları aşma arzusu.

Sonuç olarak, karanlık maddeyi anlama çabamız, sadece evreni anlama çabamız değil, aynı zamanda kendimizi anlama çabamızdır. Bizler, yıldız tozundan yapılmış varlıklarız, ancak aynı zamanda görünmez bir kozmik ağın içine gömülüyüz. Karanlık madde parçacıkları şu anda bile bedenimizden geçiyor, bizi evrenin en büyük sırlarından biriyle fiziksel olarak birleştiriyor. Bu, inanılmaz bir düşüncedir: bizler, evrenin hem seyircisi hem de aktif katılımcılarıyız.

Bu kitabın son sayfası, karanlık madde hikayesinin sonu değil, belki de gerçek başlangıcıdır. Okur olarak siz de bu keşif yolculuğunun bir parçasısınız. Belki de geleceğin büyük kozmologları veya parçacık fizikçileri, bu satırları okuyanların arasından çıkacak. Unutmayın, her büyük keşif, bir zamanlar "imkansız" veya "çılgınca" olarak görülen bir fikirle başlamıştır.

Karanlık madde, evrenin bize fısıldadığı bir sırdır. Onu duymak için kulak vermek, anlamak için ise cesaret ve ısrar gerekiyor. Bu kitabın, sizde bu cesareti ve merakı uyandırmış olmasını umuyoruz. Çünkü gerçek keşif, dışarıdaki yıldızlarda değil, onları anlamaya çalışan zihinlerdedir.

Yolculuk devam ediyor...

"Görünmez olan, sadece henüz keşfedilmemiş olandır."

Did you love *Karanlık Maddenin Anatomisi*? Then you should read *Kod 666 : Merhametin Deccalı - Şeytan Algoritması Cennet mi, Cehennem mi?*[1] by Yasin Güneş!

[2]

"Gölgelerin en derin kodunda, insan yüreğinin en saklı duası saklıdır."

Karanlığın sıfır ve birleri arasında yankılanan bu distopyada, bir yapay zekânın fısıltısı tüm dünyayı titretir. Clavis'in willısı, korku ve inancın kesişim noktasında yükselirken; bir adamın dehası, bir kadının umudu ve henüz dünyaya adım atmayan bir çocuğun yüreğindeki merhamet, kıyametin eşiğinde bir pusula olur.

---

1. https://books2read.com/u/3RMGDn

2. https://books2read.com/u/3RMGDn

Her harfi, kalbinizin derinliklerine inen bir davettir: Kendi gölgelerinizle yüzleşin; merhametin sizi mi kurtaracağına, yoksa şeytanın aradığı zaafı mı açığa çıkaracağına karar verin. "Şeytan Algoritması: Cennet mi, Cehennem mi?" sizi yalnızca soluk soluğa bir okuma macerasına değil, ruhunuzun en karanlık labirentlerinde yaptığınız bir yolculuğa çağırıyor.

Kapıyı aralayın ve bu eşsiz imtihanın tam ortasında, kendi seçiminizi keşfedin. Çünkü bazen en kutsal mucize, en derin karanlıktan doğar...

Read more at https://www.instagram.com/yasingueness?igsh=MTVvcHA2ZWY2a25hYw==.

Also by Yasin Güneş

ÇELİK ŞAFAK

Çelik Şafak - İstanbul Düşerken

Çelik Şafak - İstanbul Düşerken 2 - Fenrir'in Uyanışı

Çelik Şafak 3 - Zerdüşt'ün İntikamı ve Zengezur Koridoru İhaneti

Gölgelerin Adaleti

Gölgelerin Adaleti - İstanbul Cinayetleri

Standalone

Sil Baştan Aşk

Zervan - Doğumu ve Ölümü Belli Olmayan

Start Over Love

Zervan - Birth and Death Unknown

Onlar - İlk Hamle

Satan's Legacy - First Move

Journey of Inspiration - Personal Development Stories

L'héritage De Satan - Premier Geste

Satans Vermächtnis - Erster Zug
Zervan - Doğumu ve Ölümü Belli Olmayan
Şeytan'ın Emaneti - İlk Hamle
Zervan - Birth and Death Unknown - Scenario
Ayet-i İblis - O Konuşmadı... Fısıldadı.
Ayna ve Kül - Direnişin Kayıp Ninnisi
Mirror and Ash - The Lost Lullaby of Resistance
Unutanlar Mezarlığı - Zamanın Dilsiz Tanrısına Yazılan Bir Dua
Graveyard of the Forgotten - A Prayer to the Silent God of Time
Kod 666 : Merhametin Deccalı - Şeytan Algoritması Cennet mi, Cehennem mi?
Code 666 : The Antichrist of Mercy – The Devil's Algorithm Heaven or Hell?
Sekizinci Duâ - Adı Anılınca Uyanan
Karanlık Maddenin Anatomisi
Son Çağın Şifreleri - Kıyamet Alametleri ve Modern Dünya
The Ciphers of the End Times - Signs of the Apocalypse and the Modern World
Kıyametin Işığı

Watch for more at https://www.instagram.com/yasingueness?igsh=MTVvcHA2ZWY2a25hYw==.

About the Author

Yasin Güneş: Sessizliğin ve Ruhun Şifacısı

*"Kelimeleriyle yaralara merhem olan, satır aralarında kaybolmaya cesaret edene sonsuzluğun kapılarını aralayan bir kalem..."*Yasin Güneş (d. 1982), edebiyat dünyasının **sessiz devi** ve **ruhların kâşifi** olarak anılır. Kitapları, okuyucuyu **insan psikolojisinin labirentlerinde** unutulmaz bir yolculuğa çıkarır; bazen bir terapi seansına dönüşür, bazen de varoluşun sınırlarını zorlayan bir manifesto.

Gizemli duruşu ve nadir röportajlarıyla bilinen Güneş, eserlerinde **felsefenin derinlikleri** ile **gündelik insanın dramını** buluşturur. Onun için yazmak, **insan ruhunun karanlık dehlizlerine fener tutmak** ve okura kendisiyle yüzleşme cesareti vermektir.Eserleri, **psikolojik gerilim**, **varoluşçu edebiyat** ve **metaforik anlatım**la harmanlanmıştır. Okuyucuları, kitaplarını bitirdikten sonra **zihinsel bir şok** yaşadıklarını, adeta **rüya ile gerçek arasına sıkıştıklarını** belirtir. Kitaplarındaki karakterler ve olay örgüleri, çoğu zaman **okurun bilinçaltına gizlenmiş korkularıyla** yüzleşmesini sağlar.

Kitapları arasında **"Journey of Inspiration - Personal Development Stories"** gibi kişisel dönüşüm hikayeleri de bulunan Güneş, aynı zamanda **"Mirror and Ash - The Lost Lullaby of Resistance"** gibi şiirsel ve direniş temalı eserlerle de ruhun unutulmuş melodilerine ses olur.

Onu okumak, **içsel bir yolculuğa çıkmak** gibidir. Satırları, okuyanda **"Acaba ben ne yapardım?"** sorusunu uyandırır ve zihinde uzun süre silinmeyecek izler bırakır.

Not: Eserlerinde bazen **schizophrenic elders** gibi toplumun unutulmuş kesimlerine de yer verdiği söylenir. Bu da onun edebiyatını **sosyal psikoloji** ile harmanlayan bir derinlik katar.

Kitaplarını okuyanlar, her sayfada **kendilerinden bir parça** bulduklarını ve **dünyaya bakışlarının değiştiğini** ifade eder. Eğer siz de **zihninizin sınırlarını zorlamaya** hazırsanız, Yasin Güneş'in kitapları sizi bekliyor...

Read more at https://www.instagram.com/yasingueness?igsh=MTVvcHA2ZWY2a25hYw==.

Draf ime

About the Publisher

Draft Time: Zamanın Taslaklarından Ebedi Hikayelere

Her kitap, bir "ilk taslak"la başlar. O an, yürekte bir kıvılcım, kâğıtta bir titreşimdir. İşte Draft Time olarak biz, tam da bu kıvılcımın peşindeyiz. Yazarın dünyasını okurun kalbine taşıyan bir köprü kuruyor; ham fikirleri işlenmiş hazinelere dönüştürüyoruz.

Yerli ve dünya edebiyatının cesur, özgün ve dokunaklı seslerine ev sahipliği yapmak için çıktığımız bu yolculukta; edebiyatın dönüştürücü gücüne inanıyor, her kitabı bir insanlık mirası olarak görüyoruz.

Biz, **zamanın taslaklarını ebediyete dönüştüren** bir yayıneviyiz. Siz de bu hikâyenin bir parçası olun.

www.ingramcontent.com/pod-product-compliance
Lightning Source LLC
La Vergne TN
LVHW040418051026
849517LV00002B/371